爱上编程
CODING

Python
超入门 全彩
从基础入门到人工智能应用

■ [日] 中岛省吾 ｜ 著

程晨 ｜ 译

U0333411

人民邮电出版社
北 京

图书在版编目（CIP）数据

Python超入门：全彩：从基础入门到人工智能应用/
（日）中岛省吾著；程晨译. -- 北京：人民邮电出版社，
2021.3
（爱上编程）
ISBN 978-7-115-55354-6

Ⅰ．①P… Ⅱ．①中… ②程… Ⅲ．①软件工具—程序
设计 Ⅳ．①TP311.561

中国版本图书馆CIP数据核字(2020)第229200号

内 容 提 要

　　Python 是一种功能强大且易于理解和编写的语言，非常适合编程的初学者。本书详细讲解了 Python 编程的基础知识，并介绍了网络爬虫和机器学习的基本概念。本书通过丰富的案例对 Python 的基础知识进行了讲解，并对一些难点进行了详细的说明，读者可跟随作者的讲解进行实际的操作和练习。全书内容细致全面，层层深入，是 Python 入门者的实用宝典。

◆ 著　　　［日］中岛省吾
　　译　　　程　晨
　　责任编辑　魏勇俊
　　责任印制　彭志环

◆ 人民邮电出版社出版发行　　北京市丰台区成寿寺路 11 号
　　邮编　100164　　电子邮件　315@ptpress.com.cn
　　网址　https://www.ptpress.com.cn
　　天津图文方嘉印刷有限公司印刷

◆ 开本：787×1092　1/16
　　印张：11.75　　　　　　　　　2021 年 3 月第 1 版
　　字数：198 千字　　　　　　　2021 年 3 月天津第 1 次印刷
　　著作权合同登记号　图字：01-2020-2159 号

定价：79.00 元
读者服务热线：(010)81055493　印装质量热线：(010)81055316
反盗版热线：(010)81055315
广告经营许可证：京东市监广登字 20170147 号

前　言

近年来，编程教育在全球范围内越来越受重视。很多国家开始强调在编程教育中，培养编程思维是非常重要的。无论将来从事哪种职业，编程思维都对个人发展有着重要意义。

与此同时，编程人才的培养也变得越来越迫切。我们日常生活中使用的个人计算机、智能手机、家用电器、汽车、自动售货机、自动柜员机等设备都要通过编程来实现相关功能。同时，IT（信息技术）相关的人才需求也在增长。未来，越来越多的人需要学习编程，具备编程的能力并将其应用在工作当中。

如果有人认为"编程和我没关系，因为我是业务员"，那么这一定是个错误的想法。因为无论将来从事哪种职业，与编程相关的知识和技能都将对你大有裨益。

如今，灵活利用网络和社交网络服务（SNS）进行营销已经成为共识，Web技术、软件技术和编程知识对于有效的推广以及数据的收集和分析至关重要。大数据、人工智能（AI）、机器学习和物联网（IoT）等行业的所有关键技术都涉及编程。即使你自己不用编写程序，了解程序的工作原理以及这些程序能实现哪些功能，对于拓展现有业务和开辟新的业务都至关重要。

□为什么 Python 受关注

世界上有很多种编程语言。其中，最受关注的就是 Python，这是因为在 AI 和机器学习领域，Python 是编程的最佳选择。Python 有大量与 AI 相关的库，你可以用它们来轻松地完成文本分析和科学计算。Google 等许多 IT 公司都在使用 Python，而我们通常使用的许多 Web 服务和软件都是由 Python 实现的。

□未来想学习的语言

在 2018 年 12 月日经 SYSTEMS 的《编程语言使用情况调查》中，Python

在"未来希望提高的编程语言"中排名第一。67%的受访者选择了 Python，认为这是最有前途的编程语言（见图 i.1）。

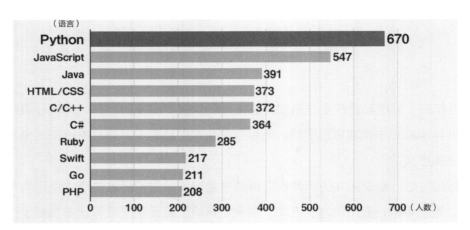

图i.1　当我们向1000名日经xTECH的会员询问未来希望提高的编程语言时，有670人选择了Python。（摘自日经SYSTEMS 2018年12月的《编程语言使用情况调查》）

Python 功能强大，同时编程新手也评价这是一种非常易于理解和编写的语言。因此，它非常适合想要学习编程的学生，以及想要学习编程以简化工作并扩展工作范围的人。Python 是一种非常容易上手的语言。

本书从一开始就会介绍 Python，以便以前没有编程经验的人也可以理解它。首先我们通过显示字符和一些简单的计算来"体验"什么是 Python 编程。这些简单的内容可能很无聊，但通过编写简单的程序学习编程必需的基础知识是最快的学习方式，然后我们会一步步地深入。

最后，我们还将完成通过"Web 抓取"从网页收集数据以及通过"机器学习"识别手写字符图像的程序。当然，这本入门书无法深入地介绍所有 Python 的内容。不过，由于 Python 是"最强大的工具"，所以你可以在实践中去深入了解它。本书中介绍的知识和技能不仅对于学习具体的编程有用，对于日常工作也是有所帮助的。

目　录

Python超入门（全彩）：从基础入门到人工智能应用

第1章

Python编程基础

─ 本章的知识点 ─

- 交互式Shell
- 输出简单的字符串
- 使用算术运算符计算
- 在计算机上搭建Python环境

1.1 Python编程初体验

第一次接触编程的人可能会担心"这是不是很困难"或"我应该从哪里开始"。的确，当你开始编程时，首先需要获取并安装开发环境，然后还要学习相应编程语言的语法，好像在真正编写程序之前，有很多工作要做。当你翻开关于编程的入门书籍时，绝大部分是从"安装开发环境"开始的，没有这一步，好像很难开始下一个阶段的操作。

但是，现在是互联网时代。许多网站不需要你准备开发环境就能够立即体验编程。Python 的官方网站就是这样（见图 1.1）。实际上，只要访问官方网站，你就可以轻松地尝试基本的 Python 编程。因此，先让我们在官方网站上体验一下 Python 编程的基础知识。

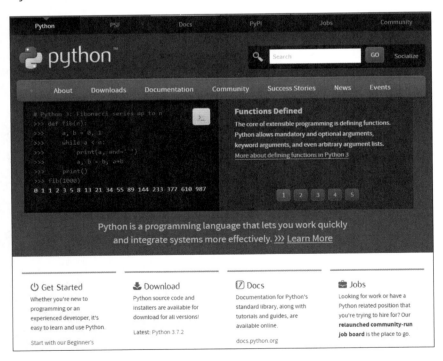

图1.1 Python官方网站。除了下载开发环境和阅读各种文档之外，你还可以尝试在网站上进行编程

□ 体验 Python 编程

让我们立刻来体验一下 Python 编程吧！进入图 1.1 所示的 Python 官方网站，然后在首页的代码框中单击"Launch Interactive Shell"按钮（见图 1.2）。

图1.2 单击Python官方网站上的 "Launch Interactive Shell" 按钮

随后，将出现一个名为"Interactive Shell"的界面。在这个交互式 Shell 中，你可以尝试输入 Python 指令（见图 1.3）。

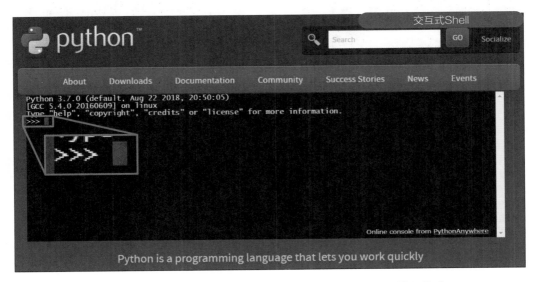

图1.3 在网站上打开的 "Interactive Shell"，提示符>>>表示在其后输入指令

你可以在提示符后面输入 Python 指令。此时符号"">>>"后面应该有一个光标（见图 1.3）。在这里输入以下语句，然后按下回车键执行指令。

```
print('Hello, World!')
```

这条指令实现的功能是在默认输出窗口中显示字符串"Hello, World!"。在程序中，"指令"被称为"程序代码"或简称为"代码"，为了简洁，后文中我们都称其为"代码"。默认输出窗口是由操作系统确定的默认显示窗口。

> 说明　输入Python代码时，要注意字母大小写和空格。将"print"写成"Print"，或是在单词中添加了多余的空格，比如"pr int"都会导致错误。另外，请使用半角字符，如果使用全角字符一样会出现错误。

交互式 shell 中默认的输出在所执行的代码正下方（即下一行）。因此，如果你输入上面的代码并按下回车键，则单引号（'）中的字符串"Hello, World!"将立即显示在下面（见图 1.4）。

图1.4　当执行显示"Hello, World！"的指令（代码）时对应界面中的显示

在学习编程时，通常第一步完成的代码都是显示"Hello, World!"。现在更改一下"Hello, World!"的部分。

```
print('你好,我是程会玩。')
```

4

输入上面的代码并按下回车键，则会显示"你好，程会玩"（见图1.5）。输入中文时，光标的位置和显示可能会有点奇怪，不过我想这步操作会让你对学习Python 更感兴趣。

通过这种形式，如果你有一台连接了网络的个人计算机，那么就可以立即开始学习 Python 编程了。

图1.5　将"Hello, World!"的部分替换为"你好，我是程会玩"，并执行新的代码

说明　之前我说过，Python代码中必须使用半角字符，如果使用全角字符的话就会出现错误。不过"'"（单引号）中"要输出的字符串"不是指令（代码）本身，所以可以使用中文以及全角字符。

1.2 尝试使用Python进行计算

大家觉得显示"Hello, World!"或"你好"这样的信息有趣吗？实际操作的人可能会觉得有意思。下面，我们来尝试使用 Python 进行计算，你可能认为计算用计算器或 Excel 来完成就好了，不过在刚接触 Python 的时候，熟悉 Python 的使用是很重要的。同样，这里还是使用官方网站上的交互式 Shell。

让我们从一个简单的计算开始。在交互式 Shell 提示符的后面输入 3 + 4。所有输入均使用半角的字母和数字字符。在"+"号的前后可以添加空格，也可以不添加空格，如果输入空格的话一定要用半角的空格符。

```
3 + 4
```

输入完成后按下回车键。接着计算结果"7"就会显示在下一行（见图 1.6）。

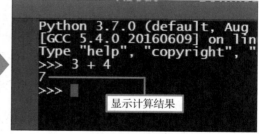

图1.6　在交互式Shell提示符后输入"3 + 4"并按下回车键之后，将显示计算结果"7"

同样的，Python 还允许你执行许多其他不同的计算。使用符号"+"和"−"可以进行加法和减法的计算，不过要注意在 Python 中乘法和除法的符号并不是"×"和"÷"。

□ Python 的算术运算符

在编程中，用于描述计算的符号称为"运算符"。有些运算符直接使用算术运算符的符号，而有些运算符则是使用其他符号，而参与运算的对象称为操作数。在Python 中，用作计算的算术运算符如表 1.1 所示。

表1.1　Python运算符说明表

运算符	说明	示例	示例结果
+	加法运算	3 + 4	7
−	减法运算	6 − 2	4
*	乘法运算	2 * 4	8
/	除法运算	9 / 2	4.5
//	除法取整	9 // 2	4
%	除法求余	9 % 2	1
**	幂运算	2 ** 3	8

你可能已经发现了，乘法运算符"*"（星号）和除法运算符"/"（斜线），与 Excel 中使用的运算符相同。不过，注意这里有两种除法运算符，使用单斜线的除法运算符"/"会得到一个包括小数部分的结果，而使用双斜线的除法运算符"//"会得到只有整数部分的结果。

让我们看看两者的差异。在提示符后面输入

```
10 / 3
```

输入之后按下回车键。接着显示的计算结果为"3.3333333333333335"（见图 1.7）。

图1.7　如果使用单斜线的除法运算符输入"10/3"，在按下回车键后将显示包括小数部分在内的计算结果

> **说明**　本来，10除以3是无法整除的，计算结果将是"3.3333333333333333 333333333333……"这样的无限循环小数。不过，计算机内存是有限的，而且不可能存储无限位数的小数。因此，它会根据某些规则向上或向下取整。所以在Python中，显示的结果为"3.3333333333333335"。

接下来，让我们试试双斜线的除法运算符。

```
10 // 3
```

当按下回车键后，小数部分将被舍掉，显示的答案为"3"（见图1.8）。

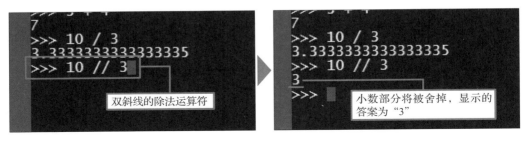

图1.8　如果输入"10 // 3"并按下回车键，则显示的计算结果为"3"

另外，"%"被称为"求余"运算符，将某个数除以另一个数时会返回余数（见图1.9）。两个"*"（星号）的符号"**"是"幂运算"的运算符，表达式"2 ** 3"表示"2的3次方"（见图1.10）。

图1.9　如果使用求余运算符输入"10%3"并按下回车键，则结果为"1"

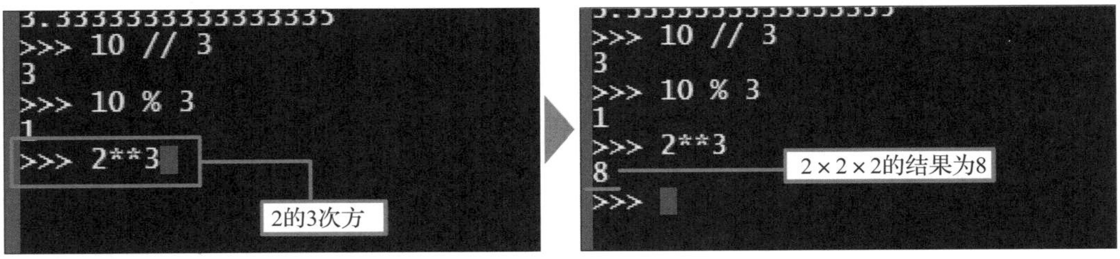

图1.10　"**"是幂运算符，你可以使用"2 ** 3"来计算"2的3次方"

现在你可以像使用计算器一样用Python进行计算了。要记住这些算术运算符，因为它们是Python编程入门的基础。

1.3 搭建Python编程环境

目前，我已经在 Python 官方网站上的"交互式 Shell"中输入并执行了一些 Python 语句。不过，在"print(' 你好，我是程会玩。')"当中输入中文可能会有无法正常运行的情况。官方网站上的交互式 Shell 使用起来还是有不太方便的地方，比如输入汉字。为了更有效地学习 Python，你需要在计算机上安装 Python 编程环境。

□安装 Anaconda

要在计算机上安装 Python，你可以直接从 Python 官方网站上下载，也可以安装像 Anaconda 这样的软件包。两者都是免费的，但本人建议使用后者。这是因为官方网站上的 Python 仅仅是基本工具，而 Anaconda 除了具有基本功能外，还提供了一些有用的工具和库。这样各种软件的集合被称为"软件包"。在本书中，我们将安装 Anaconda 并搭建 Python 编程环境。

> 说明　库是程序中可以调用的部分，它可以被其他程序重复使用。可以将库视为用于编程的常用程序的集合。

让我们开始下载并安装 Anaconda。首先，访问 Anaconda 官方网站并下载安装程序（见图 1.11 ~ 图 1.13）。Windows 版本的安装程序大小约为 600MB。

下载完成后，直接安装（见图 1.14 ~ 图 1.21）。对于 Windows 来说大约需要 3GB 的可用硬盘空间。

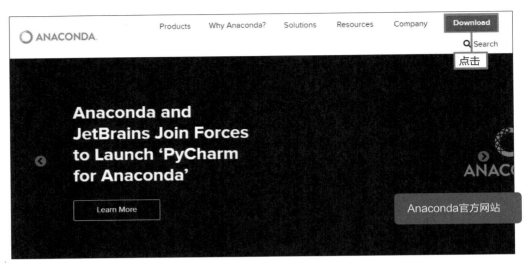

图1.11　Anaconda官方网站（截至2019年5月）。点击右上角的"Download"按钮

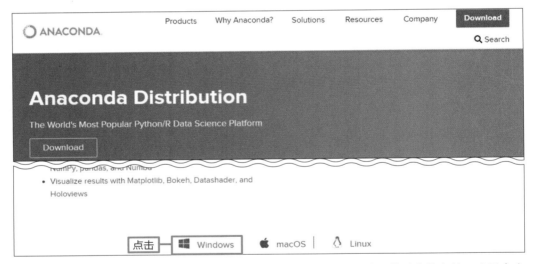

图1.12　有Windows、macOS和Linux版本，可根据你的操作系统下载对应的文件。这里点击
Windows图标

图1.13　由于存在"Python 3.x版本"和"Python 2.x版本"，这里点击3.x版本的"Download"按钮（图中为3.7）。接着在浏览器中会显示确认下载的界面，将文件保存在合适的位置

10

	Python有两个版本, 2.x版本和3.x版本。2.x版将于2020年停止支持, 因此, 如果你不熟悉Python, 请选择3.x版! 另外, 2.x版和3.x版之间有一些不兼容的地方, 因此在3.x版编写的程序可能无法在2.x版中运行, 或是能在2.x版中使用的库在3.x版中可能无法使用。如果现有程序是2.x版的, 或是要使用只能在2.x版中应用的库, 那么你还需要学习2.x版。
说明	

图1.14 下载的Anaconda安装程序（文件截至2020年2月），双击运行

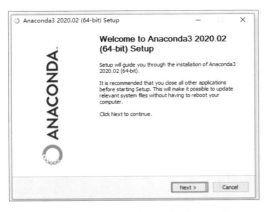

图1.15 安装程序启动后，点击"Next>"（下一步）按钮

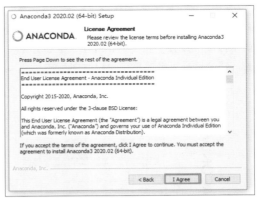

图1.16 在使用条款的界面中点击"I Agree"（我同意）按钮

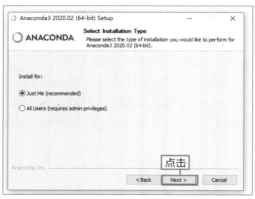

图1.17　用户选择界面。一般直接点击"Next >"按钮选择"Just Me"（只有我）选项。如果选择"All Users"（所有用户），则该计算机的所有用户账户都可以使用该软件

图1.18　如果使用默认的安装目录，只需点击"Next>"按钮

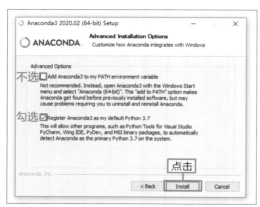

图1.19　选择是否设置Windows"环境变量"中"PATH"（路径）。通常，你可以保留默认（标准）设置。按下"Install"按钮开始安装，这个过程可能要持续一段时间

图1.20　Anaconda安装之后，会出现一个介绍开发环境"PyCharm"的界面。这里点击"Next>"按钮继续下一步

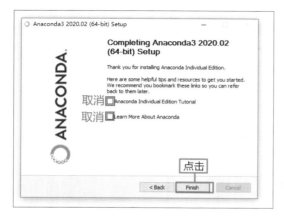

图1.21　安装完成后的界面。取消显示其他信息的复选框（如图，不要勾选图中的两个复选框），然后点击"Finish"（完成）按钮

□ 检查 Anaconda 的操作

安装完成后，各种工具会放在 Anaconda 的文件夹中。对于 Windows 端来说，会在开始菜单中创建一个名为"Anaconda3（64-bit）"的文件夹，可以从这里运行对应的工具。现在直接单击"Anaconda Prompt"来启动它（见图 1.22）。

图1.22　从开始菜单中启动"Anaconda Prompt"（显示的是Windows 10的界面）

然后会出现一个黑色的窗口，窗口的顶部会写着"Anaconda Prompt"（见图 1.23）。窗口中目前显示的内容为

```
(base) C:\Users\nille>
```

图1.23　Anaconda Prompt的界面。提示符显示在开头，例如"(base) C:\Users\用户名>"。用户名是指Windows的用户名（图中为"nille"）

在显示的提示符后面输入"Python"并按下回车键（见图 1.24）。

图1.24　如果在图1.23的提示符后输入"python"并按下回车键，则会启动Python，并显示Python的提示符">>>"

现在，你将获得一个和上一节中 Python 官方网站上的交互式 Shell 一样的界面，让我们尝试在提示符后面输入以下代码。

```
print('你好')
```

当按下回车键后出现"你好"的信息，就说明 Python 的安装没问题了（见图 1.25）。

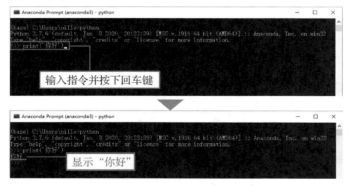

图1.25　当你在交互式Shell中输入"print（'你好'）"并按下回车键时，将出现"你好"的信息

使用 Anaconda Prompt 的交互式 Shell，可以毫无问题地输入和显示汉字。当然，你也可以进行上一节中介绍的"3 + 4"或"10 // 3"这样的计算。官方网站的交互式 Shell 也是这样一个 Python 编程环境的工具，只不过这个工具是基于 Web 实现的。

以上就是学习 Python 的准备工作。从第 2 章开始，我们将学习更多关于 Python 编程的知识。

扩展阅读

Python是由荷兰程序员Guido van Rossum于1991年开发的。据说该编程语言之所以叫Python（巨蟒），是因为他喜欢BBC的一部喜剧节目，巨蟒组的《飞行马戏团》（Monty Python's *Flying Circus*）。由于英语中的Python的意思是"巨蟒"，所以Python的图标是两条蟒蛇。

练习
Practice

Q 题目：根据库存数量计算商品的套数和剩余的数量

某种商品是由16件组成一套。当前这个商品在箱子A中有46件，箱子B中有200件，箱子C中有200件。如果把所有库存都配成16件一套，那么可以配成多少套，最后还剩下几件？请使用Python计算。

A 答：使用"Anaconda Prompt"启动Python交互式Shell并进行计算。

整体的库存数量为"46 + 200 + 200"。将库存数量除以"16"，就能得到对应的套数以及剩余商品的数量。

Python有两种类型的除法运算符。如果使用双斜线的除法运算符"//"，则会舍掉小数部分。也就是说，使用以下算式进行计算，将库存总数除以16，结果忽略小数部分就能得到对应的套数。

```
(46 + 200 + 200) // 16
```

然后，在Python中，可以使用求余运算符"%"来计算剩余商品的数量，即使用以下算式进行计算。结果如下所示。套数为27，剩余数量为14。

```
(46 + 200 + 200) % 16
```

■ Anaconda Prompt (anaconda3) - python

```
(base) C:\Users\ni11e>python
Python 3.7.6 (default, Jan  8 2020,
Type "help", "copyright", "credits"
>>> (46 + 200 + 200) // 16
27
>>> (46 + 200 + 200) % 16
14
>>>
```

第2章

数据类型和变量

── 本章的知识点 ──

- 什么是"数据类型"
- "数字"与"数字字符"的区别
- 什么是"变量"
- 关于"字符编码"

2.1 "数字"与"字符串"

第 2 章的开始，先让我们来了解一下有关"数据类型"的内容，这在编程中是一个重要的概念。数据类型就是指数据的种类，Python 语言中有很多种数据类型，比如"数字类型"和"字符串类型"，不同的数据类型使用上也是有差异的。第 1 章中，我们在不知道数据类型的情况下完成了显示字符以及计算数值的操作，不过在之后的编程学习中，则必须要正确地了解和使用不同的数据类型，否则，程序可能会出错或无法按预期运行。这对于初学者来说可能有点困难，不过"欲速则不达"。让我们正式开始系统地学习吧。

□ "数字"与"数字字符"的区别

首先来区分一下"数字"和"数字字符"之间的区别。在上一章中，你学习了如何在 Python 中进行数值计算。另外，为了显示字符串，"print"之后括号内的内容要放在一对"'"（单引号）内，这里"'"就是用来在 Python 中表示字符串的。

> ✎ 说明　在Python中，除了可以使用"'"（单引号）来表示字符串，还可以使用"""（双引号）或""""（三引号）。

那么，如果输入和运行以下的代码会产生什么结果呢？

```
'3' + '4'
```

如果是"3 + 4"，则表示两个数字的值相加，其结果为"7"，不过这里，3 和 4 两边都添加了一个"'"（单引号），变成了 '3' 和 '4'。这就表示，它们变成了"数字字符"，而不是数字的值。

启动并运行 Anaconda Prompt 的交互式 Shell。结果如图 2.1 所示。

图2.1　执行'3'+'4'之后的输出为'34'

如果将数字放在一对"'"（单引号）内写成 '3'，那么这表示的是一个"字符串"而不是一个数字，因此代码 '3'+'4' 表示的是字符串 '3' 和字符串 '4' 相加。不过字符串是无法相加的，所以在 Python 中"+"运算符表示的是"将字符串连在一起"。

我们不用数字，而是连接一般的字符串试试看。

```
'你好' + 'Python'
```

如果运行代码，将输出 ' 你好 Python'（见图 2.2）这样的内容。

```
'34'
>>> '你好' + 'Python'
'你好Python'
>>>
```

图2.2　使用"+"运算符连接字符串

正如你看到的，Python 中的"数字"和"字符串"是有根本性区别的。将数字 3 变成字符串 '3'，其结果也会改变。

正如你要区分"数字"和"字符串"一样，在编程中你还需要区分其他不同种类的数据，这就是所谓的"数据类型"。数字属于"数字类型"，字符串属于"字符串类型"。根据数据类型的不同，可用的指令和处理结果也有所不同。

Python 中使用的主要数据类型如下。数字类型又分为仅处理整数的"整型"和处理小数的"浮点型"（见表 2.1）。

表2.1　Python中使用的基本数据类型表

数字	整型（int型）
	浮点型（float型）
	复数类型（complex型）
字符串	字符串类型（str型）
布尔值	布尔型（bool型）

□对应指令的不同

试着使用其他算术运算符来体验一下数字和字符串的区别,先来看看减法。

```
'3' - '4'
```

如果运行此代码,则会出现错误(见图2.3)。错误信息提示我们数字字符(str型)不支持减法运算。

图2.3 执行减法'3'-'4'时发生错误。反馈的信息表示不支持数字字符(str型)之间的减法运算

因此,数字字符之间的运算只有"+"运算符有效,"+"运算符表示"连接字符串"。

然后,让我们试着乘以一个数字而不是数字字符。

```
'3' * 4
```

没错,结果为'3333'(见图2.4)。用"*"运算符将字符串乘以一个数值就表示将字符串重复数值设定的次数。

图2.4 '3'* 4的结果为'3333'。即将字符串'3'重复4次

你可能会想"为什么只有加和乘……",不过深入思考是没有用的。你只需要记住"Python 就是这样的",并充分利用好这两个运算符。

> **说明** 本质上,算术运算符是用来进行数字计算的。如果你始终这么想,可能用于连接和重复字符串会感觉很奇怪。但是,这种"给运算符添加本来功能之外的功能",被称为"运算符重载"的方式,通常在面向对象的编程世界中经常使用。

2.2 变量的使用

编程中需要注意的数据种类，即数据类型，我们已经介绍完了。而存储数据的"盒子"称为"变量"（见图2.5）。这是一个有名字的用于临时存储数据的存储区。当你在程序中要频繁使用一个变化的数据时，通过变量能更有效地创建复杂的程序。变量是编程中的基本要素之一。

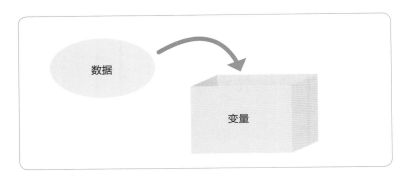

图2.5 "变量"是数据的容器

使用变量时，要先设定变量的名字（变量名）。像变量名这样的"标识名"也称为"标识符"。例如，定义一个名为"x"的变量并设定变量"x"的值为"3"，对应代码如下。

```
x = 3
```

以这种方式设定变量的值称为"为变量赋值"。这里"="不是"等于"的意思，而是"赋值运算符"，表示"将右侧的值存入左侧的变量"。如果你把这个操作想象成将数据值放入一个盒子中（见图2.6），可能会更容易理解。

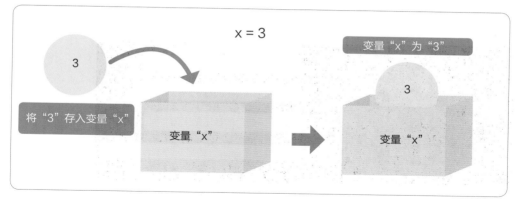

图2.6　使用代码"x = 3"将"3"赋值给变量"x"

使用 Anaconda Prompt 启动 Python 交互式 Shell，并检查"3"是否真正赋值给了变量"x"。我们依次执行"x = 3"和"print（x）"这两行代码，然后查看输出结果（见图 2.7）。

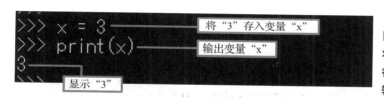

图2.7　代码"x = 3"是将"3"存入变量，然后执行代码"print（x）"后会输出"3"

顺便说一下，由于"3"是整数，所以它的数据类型是整型（int 型）。因此，存储"3"的变量"x"的数据类型也是整型（int 型）。

□ 将字符串存入变量

接下来，让我们将字符串存入变量。例如，将字符串"苹果"放入一个名为"apple"的变量中。运行以下代码。

```
apple = '苹果'
```

注意，这里字符串是用"'"（单引号）来标识的。将值赋值给变量后，就可以通过 print 函数输出或是直接用于计算（见图 2.8）。

21

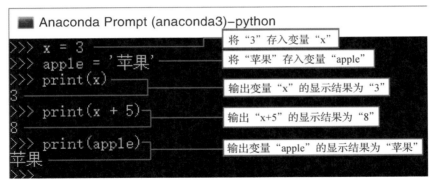

图2.8　将"3"赋值给变量"x"，将字符串"苹果"赋值给变量"apple"，并使用print函数输出变量值。变量"x"是一个数字，因此可以计算

请注意，给变量赋值是一个复制的过程，而不是移动的过程。因此，将一个变量的值赋给另一个变量并不意味着这个值会从原来的变量中删除（见图2.9）。但是，被赋予新的值之后，变量中原来的值就会被覆盖和删除。在图2.9中，变量"apple"中原来的值"苹果"就被覆盖并更改为了"红色"。

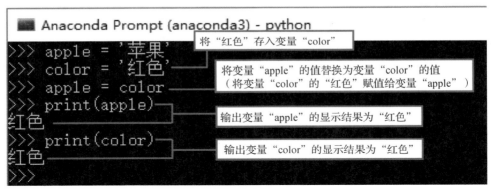

图2.9　如果变量被赋值为其他值，则原来的值将被覆盖并删除。但是，即使将变量的值赋给另一个变量，原来变量的值也只会被复制而不会被删除

□变量名命名规则

我们在这里使用了变量名"x""apple""color"。注意，变量名的命名规则有以下约定。

❶ 第一个字符必须使用半角英文字母或下划线（_）
❷ 从第二个字符开始，可以使用半角英文字母、数字以及下划线（_）
❸ 要区分大小写

另外，Python 的"关键字"不能用作变量名。Python 的关键字是在编程语法中有实际意义的单词。Python 的关键字如下（见图 2.10）。

and	continue	finally	is	raise
as	def	for	lambda	return
assert	del	from	None	True
async	elif	global	nonlocal	try
await	else	if	not	while
break	except	import	or	with
class	False	in	pass	yield

图2.10 Python的关键字。这些是定义好的具有实际意义的单词，因此不能用作变量名

 说明　　通常在Python中使用小写字母作为变量名。另外，在组合多个单词时，可以用下划线（_）来分隔单词，这种方法被称为"蛇形命名法"。蛇形命名法就是像"address_book""word_list"这样用下划线将单词连接起来。

2.3 Python中的"字符串"

在第 2 章中，你已经了解了数据类型和变量这些编程基础内容，最后，让我们来学习一下计算机是如何处理"字符"的。

□计算机中的"字符"

当计算机处理字符时，会为字母、数字和符号分配被称为"字符编码"的数字。这个字符和数字的对应表被称为"字符的码表"。例如，在字符的 ASCII 码表中，字符"A""B""C""D"分别对应以下的数字（见图 2.11）。

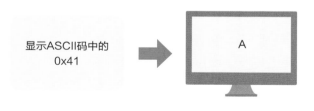

字符	十进制	十六进制
A	65	0x41
B	66	0x42
C	67	0x43
D	68	0x44

显示ASCII码中的 0x41

A

图2.11　ASCII码表中字符编码的一部分

全世界有很多类型的字符编码，常见的汉字字符编码见图 2.12。

□ Python 的字符编码为"UTF-8"

现在已经介绍了字符编码的基础知识，让我们回到 Python。Python（3.x 版）中，标准字符编码为"UTF-8"。让我们试着运行一个处理 Python 字符编码的程序，先来检查一下汉字"中"对应的数字编码。

ASCII	英语和其他西欧语言地区大多数计算机中使用的字符编码
ISO-2022-JP	通常称为"JIS码",该标准结合了多个字符编码,例如JIS X 0211、JIS X 0201拉丁字符、ISO 646国际标准版图形字符、JIS X 0208等
Shift_JIS	一个可以混合使用多字节字符和单字节字符的字符编码。当前,经常使用诸如Windows-31J和CP932之类的变体,它们具有更多可以处理的字符
UTF-8	在Unicode标准中以字节为单位的一种编码方法。Unicode是一种多字节字符编码,旨在允许所有字符都被共同使用。当前支持许多操作系统(如Windows、macos、Linux)。

图2.12　常见的字符编码

✎说明

由于字符编码的不同,从而显示出奇怪的字母和符号被称为"乱码"。例如,网络浏览器通常会自动确定网页的字符编码,但是如果要识别的字符数量太少,那么就无法正确识别,从而出现乱码。在这种情况下,需要在浏览器的菜单中设置对应的字符编码。

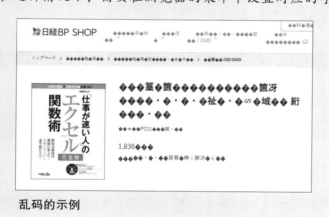

乱码的示例

启动 Anaconda Prompt 的 Python 交互式 Shell 后,输入以下内容。

```
'中'.encode()
```

输入并按下回车键后,将显示如图 2.13 所示的内容。

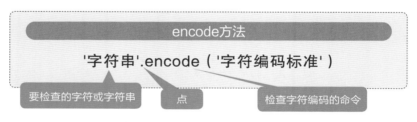

图2.13　启动Python，然后输入并执行一条指令来检查汉字"中"对应的数字编码

查看输出结果可能会让你头疼。第一个"b"即"bytes 数据"的意思，表示这是一个"字节型"的数据，具体的数据就是后面一对"'"（单引号）中的内容。这里是汉字"中"的字节型数据。其中的"\ x"表示这是一个十六进制的数，后面跟一个字节的数值。换句话说，汉字"中"是由 3 字节十六进制的数"e4、b8、ad"来表示的。

像这样，当你想知道某个字符的编码时，可以使用叫作"encode"的指令（方法）。如果省略括号中的字符编码标准以"encode()"这样的形式书写，则会显示UTF-8 的字符编码（见图 2.14）。

encode方法

'字符串'.encode（'字符编码标准'）

要检查的字符或字符串　　点　　检查字符编码的命令

图2.14　encode指令

说明

由于Python 2的标准字符编码是ASCII码，因此在处理中文时必须通过参数说明字符编码标准。 在当前的Python 3中，标准字符编码为UTF-8，因此可以省略说明字符编码标准的参数。

□ "字符"和"字符串"

可以认为字符实质上就是对照字符编码的一组数字。多个字符的序列在计算机世界中称为"字符串"。例如，"中"是字符，而"中文"是字符串，我们来看看字符串"中文"对应的数字是什么。

尝试在 Anaconda Prompt 中执行 3 个指令 ' 中 '.encode()、' 文 '.encode()
和 ' 中文 '.encode()（见图 2.15）。

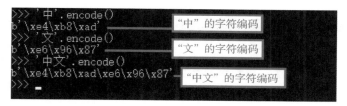

图2.15　查看字符"中""文"以及字符串"中文"的字符
编码

你可以看到字符串"中文"的字符编码就是字符"中"和"文"字符编码的结合，
这个结果还表明，字符串就是字符编号的顺序排列。

□ **Python 的字符串**

Python 将字符串视为"str 对象"。在编程中，把要操作的数据以及处理数据
的方法（处理和操作的行为）合称为对象。Python 中，在本章前半部分介绍的
"数据类型"中的"字符串类型（str 型）"就是可以用相同的方式理解的对象。

Python 中的对象包含数据和对该数据进行操作的"方法"。如果是一个 str
对象，则数据就是"字符的序列"，而方法就是"处理该字符串的行为和方式"
（见图 2.16）。

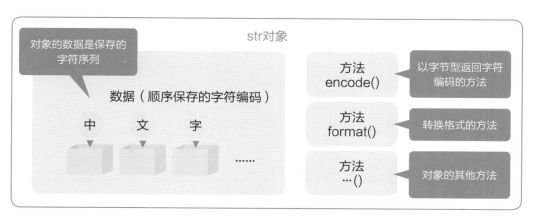

图2.16　str对象的说明

例如，之前的"中"和"中文"都是 str 对象，因此都有 encode 方法。也就是
说，代码 ' 中 '.encode() 的意思是执行 str 对象数据 ' 中 ' 的 encode 方法。

下面这种形式是执行对象方法的语法，我们要记住这种形式，因为它是 Python 编程的基础知识（见图 2.17）。

图2.17　执行对象方法的语法图

说明
你可以参考Python官方网站上发布的文档，了解str对象的其他方法。

扩展阅读

一些字符具有特殊的功能，它们被称为"转义字符"。主要的转义字符如下所示（见表2.2）。

表2.2　转义字符表

字符	说明
\	忽略\后的换行符（针对需要换行的连续代码）
\\	显示符号\
\'	显示单引号
\"	显示双引号
\a	响铃
\b	退格
\f	分页符（无法在命令提示符下正确显示）
\n	换行
\r	回车
\v	垂直制表（无法在命令提示符下正确显示）
\N{name}	Unicode数据库（database）中名为name的字符
\uxxxx	对应于16位xxxx（十六进制）的Unicode字符
\Uxxxxxxxx	对应于32位xxxxxxxx（十六进制）的Unicode字符

最常用的转义字符就是表示换行的"\n"。例如，如果你在字符串中输入了3次"\ n"，那么输出的时候就会出现3次换行（见图2.18）。

Python超入门（全彩）：从基础入门到人工智能应用

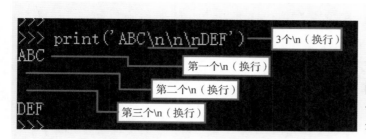

图2.18 使用"print"指令输出"\n"（换行）的示例

练习
Practice

Q 题目：显示的内容是什么？

在Python交互式Shell中顺序运行以下代码后显示的内容是什么？请从以下3个选项中选择正确的答案。

```python
a = 2000
b = '20'
c = '年'
d = '北京'
a = b + c
print(a + '\n\n' + d)
```

1
2020年
北京

2
20年

北京

3
20年

北京

A 答：当你使用Anaconda Prompt启动Python交互式Shell并按顺序运行上述代码时，变量"a"中的值应该是字符串"20年"，即变量"b"中的字符串"20"加上变量"c"中的字符串"年"。因此print函数会首先输出"20年"，然后是输出两个转义字符"\n"和变量"d"中的字符串"北京"（通过运算符"+"连接在一起）。第一个换行符在"20年"这一行，第二个换行符创建了一个空行，因此输出如下所示，正确答案是2。

```
>>> a = 2000
>>> b = '20'
>>> c = '年'
>>> d = '北京'
>>> a = b + c
>>> print(a + '\n\n' + d)
20年

北京
>>>
```

第3章

程序流程控制

― 本章的知识点 ―

- 保存并运行程序
- 提示从键盘输入
- 条件判断if语法
- 条件分支的各种方法

3.1 程序的保存

目前为止，我们都是使用 Python 的交互式 Shell 逐行地输入和执行程序代码。不过随着程序行数的增加，如果每次都输入一遍的话就太麻烦了。为了能够重复使用已编写的程序，人们一般会将程序以文件的形式保存起来。在本章中，我们就来学习一下如何编写和保存程序文件（见图 3.1）。

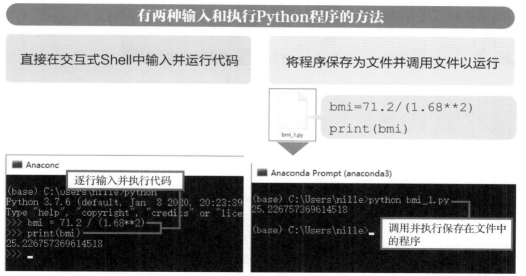

有两种输入和执行Python程序的方法

直接在交互式Shell中输入并运行代码

将程序保存为文件并调用文件以运行

bmi_1.py

```
bmi=71.2/(1.68**2)
print(bmi)
```

逐行输入并执行代码

```
(base) C:\users\ni11e>python
Python 3.7.6 (default, Jan 8 2020, 20:23:39
Type "help", "copyright", "credits" or "lice
>>> bmi = 71.2 / (1.68**2)
>>> print(bmi)
25.226757369614518
>>>
```

Anaconda Prompt (anaconda3)

```
(base) C:\Users\ni11e>python bmi_1.py
25.226757369614518

(base) C:\Users\ni11e>
```

调用并执行保存在文件中的程序

图3.1　有两种输入和执行Python程序的方法。你可以直接在交互式Shell中输入并执行代码，不过如果将程序存为文件并调用文件执行程序，则可以有效地创建、管理和执行较长的程序

要创建程序文件，一般需要使用文本编辑器来编辑文本。你可以使用其他任何软件，但应避免使用 Windows 附带的"记事本"。如上一章所述，Python 使用"UTF-8"格式作为标准字符编码。当然你也可以使用记事本将文件保存为 UTF-8 格式，不过依然可能会出现问题，因为在文件的开头会添加 BOM（字节顺序标记）数据。因此使用文本编辑器时，在保存文件时要选择"UTF-8（无 BOM）"格式。

□安装"Atom"编辑器

在这里，我们将使用一个编程中常用的名为"Atom"的文本编辑器。这个文本编辑器是完全免费的，下载及安装见图3.2至图3.4。默认情况下，Atom 软件界面的语言是英语，不过可以设置为中文（见图3.5和图3.6）。

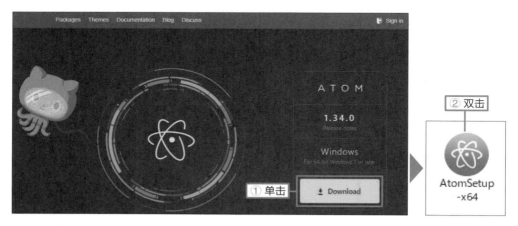

图3.2 从上面的官方网站下载Atom安装程序，双击安装程序进行安装

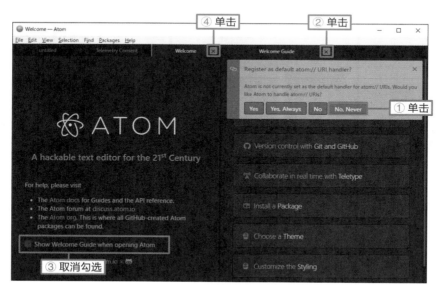

图3.3 安装完成后，Atom将自动启动。首次启动时，会显示一些引导界面，不过你可以将它们关闭。为了防止它们每次都出现，请在"Welcome Guide"的选项卡中单击"No, Never"（①②）。在"Welcome"选项卡中，取消勾选"Show Welcome Guide…"，然后关闭选项卡（③④）

图3.4 在"Telemetry Consent"选项卡中，单击"No, I don't want to help"按钮，然后将其关闭

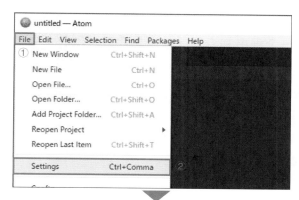

图3.5 关闭其余的选项卡后，从"File"菜单中选择"Settings"（①②）。在打开的选项卡左侧选择"Install"（③），然后在搜索框中输入"chinese menu"（④）。单击"Install"按钮安装中文菜单的软件包（⑤）

图3.6 安装后菜单将变为中文。现在在中文菜单下，关闭"Settings"选项卡

说明 如果Atom没有运行，可以在开始菜单的"GitHub,Inc"中选择"Atom"运行程序（见图3.7）。

图3.7 "Atom"运行程序

□身体质量指数（BMI）计算程序

设置好 Atom 之后，就可以编写一个程序并将其保存为文件了。我们先来创建一个"身体质量指数（BMI）计算程序"。BMI 是"身体质量指数（Body Mass Index）"的缩写，这是根据身高和体重计算得出的指数。一般来说，指数值在 25 以上的人就被认为是肥胖。BMI 的计算公式如下。

身体质量指数（BMI）=体重（kg）除以身高（m）的平方。

首先，在 Atom 编辑器界面中输入以下两行代码。

体重：71.2kg　身高：168cm

```
bmi = 71.2 / (1.68 ** 2)
print(bmi)
```
根据身高和体重计算BMI的值，并将结果放在变量"bmi"中
输出显示变量"bmi"的值

在 Atom 编辑器的界面中输入程序后，从"文件"菜单中选择"保存"，并将文件保存在适当的位置。这里我将其保存为"文档"文件夹中的"bmi_1.py"（见图3.8和图3.9）。

34

Python超入门（全彩）：从基础入门到人工智能应用

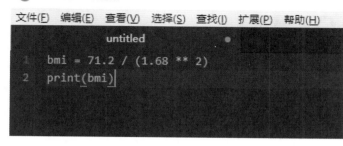

图3.8　在Atom编辑器界面中输入程序来计算BMI。这里体重为71.2kg，身高为1.68m

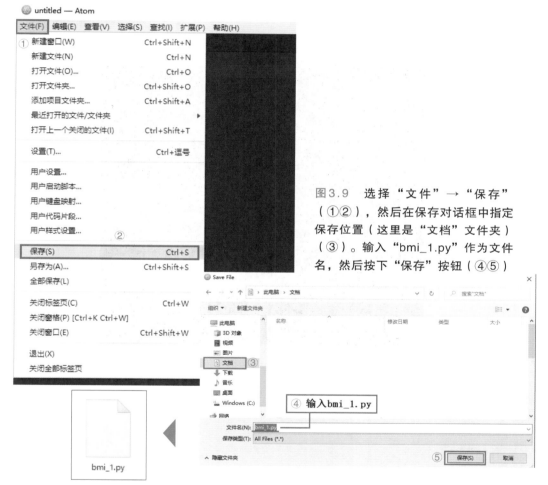

图3.9　选择"文件"→"保存"（①②），然后在保存对话框中指定保存位置（这里是"文档"文件夹）（③）。输入"bmi_1.py"作为文件名，然后按下"保存"按钮（④⑤）

　　注意这里我输入了".py"作为程序文件的扩展名，这是 Python 程序文件的扩展名（见图 3.10）。文件名要使用半角的英文字母、数字或符号。另外，可以通过按"Shift"键加"-"键来输入下划线"_"。

图3.10 Python程序文件拓展名

说明

当使用Atom保存程序文件时，屏幕左侧会打开一个名为“Project”的文件夹和文件管理窗口。如果不需要这个窗口，可以将鼠标指针移到边框上，单击出现的“<”来关闭它。

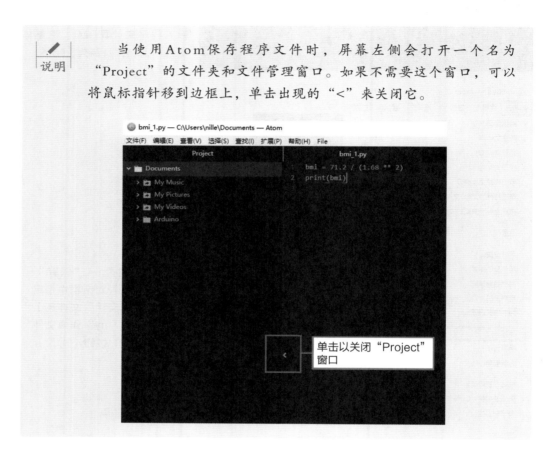

3.2 文件的调用执行

保存为文件的 Python 程序可以在上一章中介绍的"Anaconda Prompt"中执行。让我们先启动 Anaconda Prompt。

回想一下，在 Anaconda Prompt 中使用 Python 交互式 Shell 时，首先输入了"python"并按下了回车键。所以说一方面在 Anaconda Prompt 中，可以使用指令"python"启动 Python 交互式 Shell。而另一方面可以直接执行 Python 程序文件，这个时候要在"Python"指令之后指定要执行程序文件的文件名，文件名和"python"之间用空格分隔一下。

python 文件名.py

下面启动 Anaconda Prompt 并运行"bmi_1.py"。

bmi_1.py

```
python bmi_1.py
```

当你输入以上内容并按下回车键时，可能会收到以下错误消息（见图 3.11）。

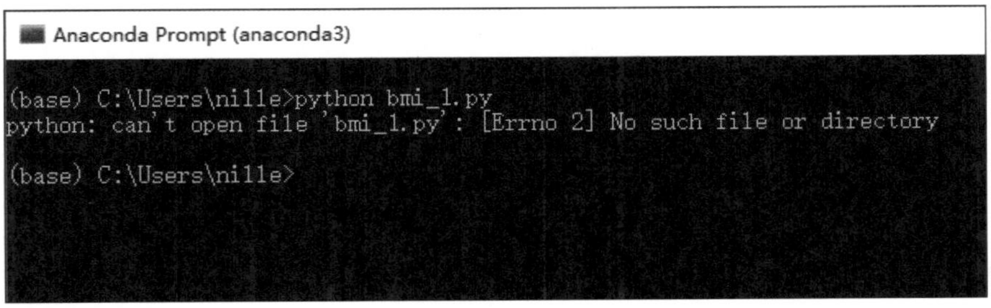

图3.11　在Anaconda Prompt中输入Python和文件名执行程序文件时，出现了错误消息，提示我们"文件无法打开"

"No such file or directory"意思是"没有对应的文件或文件夹"。换句话说就是找不到程序文件"bmi_1.py"，因此无法执行。

37

事实上，如果要在 Anaconda Prompt 中运行 Python 程序文件，则该文件必须位于"当前目录"下。当前目录的意思就是"当前文件夹"，即 Anaconda Prompt 目前正在使用的文件夹。那就是在">"提示符之前的"C:\Users\nille"（见图 3.12）。如果程序文件在这个文件夹中，则可以简单地输入"python bmi_1.py"来执行程序文件，但如果程序文件在另一个位置，那么就不能这样执行程序文件了。

图3.12 ">"之前就是当前目录（当前文件夹）

□指定路径

有两种方法可以执行当前目录之外的程序文件。

一种是指定程序文件时，也把包括程序文件的文件夹的"路径"输入进去。路径（path）是一个指示文件夹具体位置的字符串。在 Windows 系统中，一层一层的文件夹之间是用符号"\"分隔开的。获取路径最简单的方法就是在资源管理器中打开文件夹，然后单击地址栏右边的空白位置来查看（见图 3.13）。你可以复制这个路径。

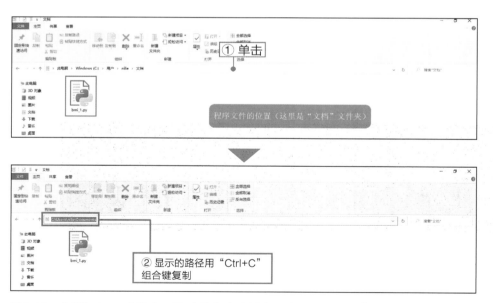

图3.13 在Windows系统中，可以单击地址栏右侧的空白位置（①）来查看文件夹路径。这里对应的是C:–>用户–>nille（计算机用户名）下面的"文档"文件夹，复制这个路径（②）。

复制文件夹路径后，在"python"后输入一个空格，然后把路径粘贴在后面。最好使用"Ctrl+V"组合键进行粘贴。接着添加符号"\"并输入程序的文件名。现在，你应该就可以按下回车键运行程序了（见图3.14）。

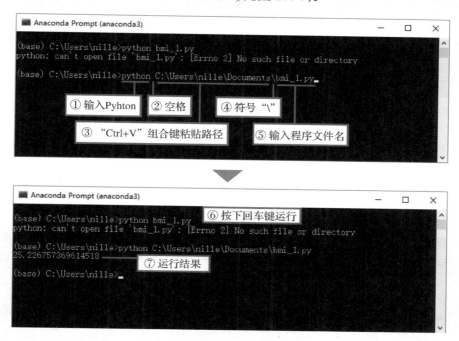

图3.14　通过指定路径可以运行当前目录之外的程序文件（①～⑦）

注意，在输入"python"后的空格之后，你可以直接将程序文件从资源管理器中拖拽到 Anaconda Prompt 的界面中，这种操作方法也能输入程序文件的路径，而且更简单。

□更改当前目录

执行当前目录之外程序文件的另一种方法是将当前目录更改为包含该程序文件的文件夹。使用"cd"命令可以更改 Anaconda Prompt 中的当前目录。

> **更改当前目录**
>
> cd 文件夹名称或路径

例如，如果在"cd"命令之后粘贴图 3.13 中复制的路径，然后按下回车键，则会把当前目录更改为该文件夹（见图3.15）。

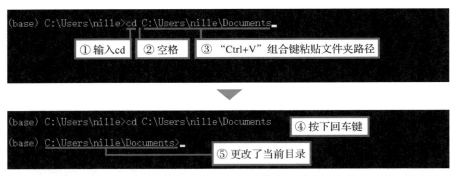

图3.15 可以使用"cd"命令将当前目录更改为路径对应的文件夹（①~⑤）

当程序文件的位置以此方式成为当前目录时，只需指定程序文件名即可执行程序（见图 3.16）。

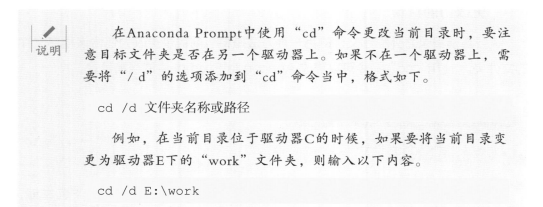

图3.16 更改当前目录并执行"bmi_1.py"的效果。只需指定文件名即可执行当前目录中的文件（①~②）

现在你已经了解了如何执行以".py"格式保存在文件中的 Python 程序了。这些内容我们必须要记住，这是创建、保存和执行 Python 程序的基本操作。

✏️ 说明

在Anaconda Prompt中使用"cd"命令更改当前目录时，要注意目标文件夹是否在另一个驱动器上。如果不在一个驱动器上，需要将"/ d"的选项添加到"cd"命令当中，格式如下。

```
cd /d 文件夹名称或路径
```

例如，在当前目录位于驱动器C的时候，如果要将当前目录变更为驱动器E下的"work"文件夹，则输入以下内容。

```
cd /d E:\work
```

3.3 接受输入并计算

现在，我们了解了如何将计算 BMI 的程序保存为文件，以及如何指定和执行该程序文件。接下来，我们要将程序修改得更实用一些。由于程序已经保存在文件中，因此你可以通过重新编辑文件来对程序进行改进。

□使用 "input" 函数输入数值

在上一部分创建的 BMI 计算程序中，我们直接将身高和体重的值写入程序中。如果这样的话，在计算他人的 BMI 时，我们就必须一个一个地打开程序文件并更改身高和体重的值。

想象一下，如果我们要制作一个计算 BMI 的智能手机应用程序。那么通常这个应用程序在启动的时候会出现要求我们输入身高和体重的信息，而只有输入了对应的值，才会计算出 BMI。

所以接下来，我们要让程序运行的时候提示输入身高和体重，如果用户通过键盘输入了对应的数据，则会计算出 BMI。要在 Python 程序中实现键盘输入，需要使用 "input" 函数。

---

input函数

input('输入信息的提示字符串')

先来了解一下这里的 "函数"。Excel 中可以在单元格中通过输入来使用 SUM 函数，编程世界中的 "函数" 基本上与之相同。如果在 "函数" 的 "参数" 中指定了要处理的值或是处理的方法，那么就会返回处理结果。函数的输出称为 "返回"，输出结果称为 "返回值"（见图 3.17）。

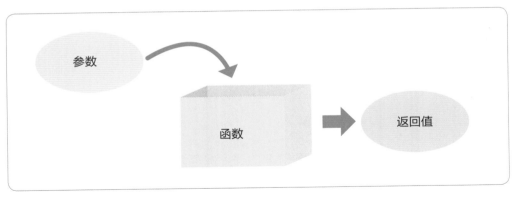

图3.17 编程中的函数

Python 的 input 函数将"返回"输入的字符串,其参数是输入信息的提示字符串。因此,将输入字符串赋值给变量以便之后使用,是一个不错的主意。

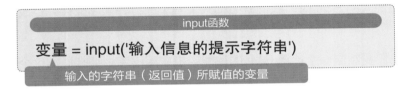

这里要特别注意,此处赋值给变量的值是"字符串",而我们要计算的是"数值",因此要使用"int"函数或"float"函数将数据转换为整数或浮点数。

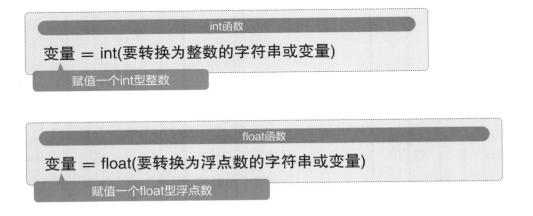

使用这些函数来修改上一部分中创建的程序,以便我们可以输入身高和体重的值,身高的单位是 cm。

```
weight = input('输入体重(kg):')
height = input('输入身高(cm):')
weight = float(weight)
height = float(height) / 100
bmi = weight / (height**2)
print(bmi)
```

— 输入体重（变量中保存的是字符串）
— 输入身高（变量中保存的是字符串）
— 将体重（字符串）转换为浮点数（float型）
— 将身高（字符串）转换为浮点数（float型）（100是int型，但在计算过程中会转换为float型）
— 计算BMI
— 显示BMI

　　依照上面的内容更改程序，然后将程序另存为" bmi_2.py"。启动 Anaconda Prompt 并运行程序文件（见图 3.18）。注意这里当前目录已更改为程序文件的位置。

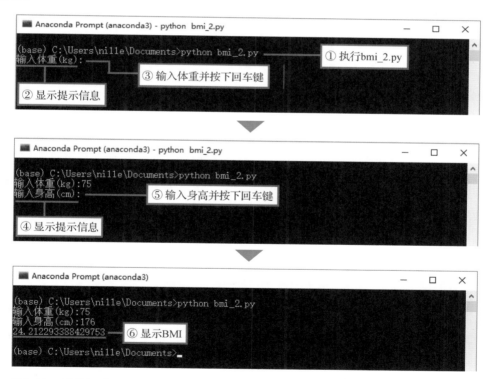

图3.18　当执行"bmi_2.py"时，将显示提示信息，让你输入体重和身高。当输入完成并按下回车键之后，将显示BMI

□通过函数的嵌套缩短代码

现在就能通过输入的值来计算 BMI 了，不过如果你不想按照"将字符串存入变量"→"转换为浮点数"这种 2 步的形式来编写代码，那么可以按照以下方式写。

bmi_3.py

```
weight = float(input('输入体重(kg):'))
height = float(input('输入身高(cm):')) / 100
bmi = weight / (height**2)
print(bmi)
```

使用 input 函数的输入"input(' 输入体重 (kg):')"被当成了 float 函数的参数（括号中的部分），然后将结果赋值给了变量。

```
weight = input('输入体重(kg):')
                                    直接作为参数，而不是先将其存入变量中
weight = float(weight)
weight = float(input('输入体重(kg):'))
```

乍一看，这种把多行代码嵌套在一起的方式要比把代码分成两行并分别赋值给变量的方式更加复杂，实际上，这种函数嵌套的方式具有提高处理速度并使程序更高效的优点。

练习
Practice

Q 题目：根据汇率将人民币（元）转换为美元

我们将创建将人民币转换为美元的程序。程序开始运行后会显示"输入人民币金额:"以提示用户通过键盘输入金额的值，然后会显示"一美元等于多少人民币（元）:"以提示用户输入当前汇率。最后，我们将人民币金额转换为美元并显示出来。

```
Anaconda Prompt (anaconda3)

(base) C:\Users\ni11e\Documents>python rmb_usd.py
输入人民币金额:1000
一美元等于多少人民币(元):7.134
140.17381553125875

(base) C:\Users\ni11e\Documents>_
```

A 答：与BMI计算程序一样，input函数会提示你通过键盘输入，这个结果是一个字符串，因此要使用float函数将其转换为数值并进行计算，最后使用print函数将结果输出。要将人民币转换为美元，就用人民币的金额除以汇率（1美元等于多少人民币（元））。最终代码如下：

rmb_usd.py

```
rmb = float(input('输入人民币金额:'))
usd = float(input('一美元等于多少人民币（元）:'))
ans = rmb / usd
print(ans)
```

3.4 根据数值分别处理

目前我们已经创建了一个可以根据输入的身高和体重来计算 BMI 的程序，但是计算 BMI 的目的是要知道该指数代表的肥胖程度，而当前的程序仅以数字方式显示 BMI 的值。因此，接下来我们要让计算机来判断一下肥胖程度。

世界卫生组织（WHO）根据 BMI 确定的肥胖程度如下所示（见表 3.1）。

表3.1　WHO对肥胖程度的划分表（可进一步细分）

身体质量指数（BMI）	肥胖度
小于18.5	偏瘦
18.5以上但小于25	正常
25以上但小于30	较胖
30以上	肥胖

基于这个表，我们先来修改程序，判断 BMI 小于 18.5 的情况，"如果小于18.5"，则显示"偏瘦"。

□ if 语句的使用

要创建"如果……，那么……"的程序，可以使用 if 语句。这个语句会判断一个条件，如果条件成立，那么就会执行对应的语句。具体格式如下。

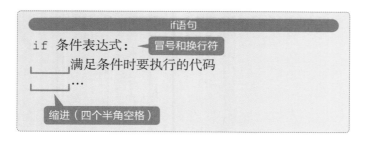

Python超入门（全彩）：从基础入门到人工智能应用

if 语句中，在 if 关键字之后输入一个半角空格，然后是"条件表达式"。在条件表达式后面输入一个半角的冒号（:）并开始一个新行。在新的一行中，开头是 4 个半角空格的缩进。缩进之后就是"满足条件表达式时要执行的代码"。缩进的部分称为"块"。

我使用 if 语句来实现"如果你的 BMI 小于 18.5，则显示偏瘦"。假设将 BMI 值赋值给了变量"bmi"，则对应程序如下：

首先，输入关键字 if 和一个半角空格。接着"bmi <18.5"的部分是"条件表达式"。条件表达式用"<"（小于运算符）来表示"变量 bmi 的值是否小于 18.5？"。条件表达式后的":"（冒号）和换行符表示对应 if 语句的程序块从下一行开始。

换行后，开头有一个缩进，然后编写代码"print(' 偏瘦 ')"（满足条件表达式时要执行的代码）。一般缩进是 4 个半角空格。注意，空格的数量是很重要的，在 Python 中，具有相同缩进长度的代码都被视为同一个代码块。

现在让我们将 if 语句的代码添加到"bmi_3.py"中并运行程序。用添加的代码取代之前的"print(bmi)"代码，然后将程序另存为"bmi_4.py"。

`bmi_4.py`

```
weight = float(input('输入体重(kg):'))
height = float(input('输入身高(cm):')) / 100
bmi = weight / (height**2)
if bmi < 18.5:
    print('偏瘦')
```
取代之前的"print(bmi)"代码

运行这个程序。此时如果输入体重 71.2kg 和身高 168cm，则不会显示任何内容，但如果输入体重 50kg 和身高 168cm，则会显示"偏瘦"（见图 3.19）。

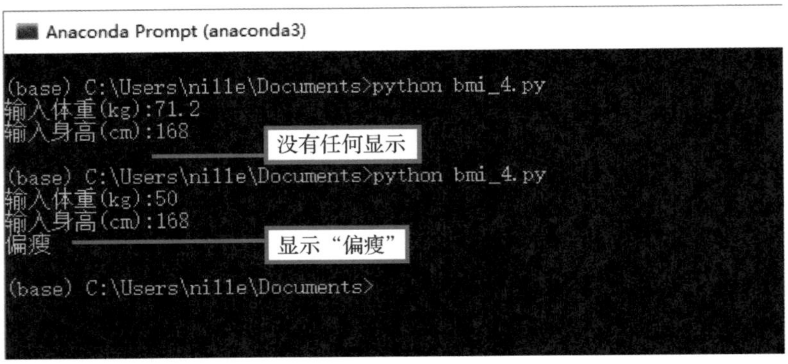

图3.19 当体重为71.2kg，身高为168cm时，BMI为25.22……，因此没有显示任何内容（上）。而当体重为50 kg，身高为168 cm时，BMI为17.71，因此将输出"偏瘦"（下）

由于上面体重和身高的 BMI 为"25.22……"，所以"bmi <18.5"不成立，因此，不会执行 print 函数，从而什么也不显示。而在下面的情况，由于体重为 50 kg，所以 BMI 为"17.71……"，"bmi <18.5"成立，因此会执行 if 语句中的 print 函数，从而显示"偏瘦"。

□显示 BMI 值

上面的程序（bmi_4.py）在显示结果时不太友好。尽管显示了"偏瘦"的信息，但没有显示对应的 BMI 值。如果先显示一个数值然后再判断是否"偏瘦"可能会更好一些。下面让我们来调整一下代码。

显示 BMI 的代码是"print(bmi)"。但这行代码要添加在哪里呢？第一种情况，让我们将其放在 if 语句之前。

bmi_5.py

```python
weight = float(input('输入体重(kg):'))
height = float(input('输入身高(cm):')) / 100
bmi = weight / (height**2)
print(bmi)    ← 添加代码
if bmi < 18.5:
    print('偏瘦')
```

如果执行此代码，那么在显示 BMI 后，如果这个值小于 18.5，就会显示"偏瘦"（见图 3.20）。

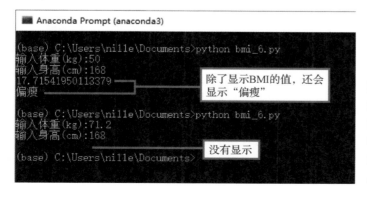

图3.20 执行程序并输入体重和身高，在计算出BMI并显示数值后，如果这个值小于18.5，就会显示"偏瘦"

第二种情况，如果将"print(bmi)"放在 if 语句的程序块中会怎样呢？我们来试一下。注意，将代码放在 if 语句的程序块中的时候，必须缩进。

bmi_6.py

```
weight = float(input('输入体重(kg):'))
height = float(input('输入身高(cm):')) / 100
bmi = weight / (height**2)
if bmi < 18.5:
    print(bmi)  ← 添加代码
    print('偏瘦')
```

如果运行此程序并输入 71.2 kg 的体重和 168 cm 的身高，结果是不会显示任何内容的（见图 3.21），这是因为 BMI 的值为"25.22……"，由于"bmi <18.5"不成立，因此 if 语句中的两个 print 函数都不会执行。

Anaconda Prompt (anaconda3)

(base) C:\Users\ni11e\Documents>python bmi_6.py
输入体重(kg):50
输入身高(cm):168
17.71541950113379 ← 除了显示BMI的值，还会显示"偏瘦"
偏瘦

(base) C:\Users\ni11e\Documents>python bmi_6.py
输入体重(kg):71.2
输入身高(cm):168

(base) C:\Users\ni11e\Documents> ← 没有显示

图3.21 如果把"print(bmi)"放在if语句的程序块中，那么当BMI小于18.5时，将会显示数值和"偏瘦"（上），但如果BMI的值是18.5或更大，则不显示任何内容（下）

第三种情况，如果"print(bmi)"不缩进会怎样呢？

bmi_7.py

```
weight = float(input('输入体重(kg):'))
height = float(input('输入身高(cm):')) / 100
bmi = weight / (height**2)
if bmi < 18.5:
    print('偏瘦')
print(bmi)      ——添加代码
```

如果运行该程序并输入 71.2 kg 的体重和 168 cm 的身高，由于此时 BMI 为
"25.22……"，因此不会像图 3.20 那样显示"偏瘦"。但是这里却显示了 BMI 的值
（见图 3.22）。这是因为显示 BMI 的代码不在 if 语句的程序块内，因此无论 BMI 的
值是否小于 18.5，这个值都会显示。

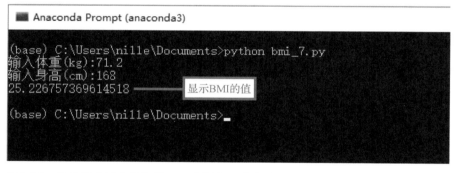

图3.22　这里即使BMI的值是18.5或更高，也会被显示

综上所述，当使用 if 语句时，你需要明确程序块中应包含的代码和不应包含的
代码，这样才能将代码写入正确的位置。

□添加 else

让我们添加程序的另一段。现在当 BMI 小于 18.5 时，程序将显示"偏瘦"，
但是当 BMI 的值不小于 18.5 时，则什么也不显示。因此，我们要稍微调整一
下，当 BMI 的值为 18.5 或更高的时候，我们希望能够显示"无须减肥"。

这里要添加不满足 if 语句的条件表达式时要执行的代码。指定这段程序块语句
为"else"。对应格式如下。

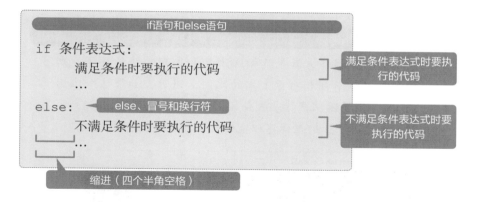

通过使用 else 语句，我们将程序改进为"如果 BMI 值小于 18.5，则显示'偏瘦'，否则显示'无须减肥'"。之后将程序另存为"bmi_8.py"，对应的执行效果如图 3.23 所示。

bmi_8.py

```
weight = float(input('输入体重(kg):'))
height = float(input('输入身高(cm):')) / 100
bmi = weight / (height**2)
print(bmi)
if bmi < 18.5:
    print('偏瘦')        满足条件表达式时要执行的代码
else:
    print('无须减肥')      不满足条件表达式时要执行的代码
```

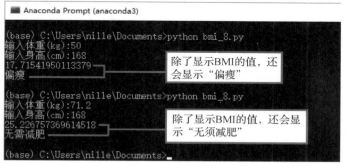

图3.23　上面是BMI小于18.5的情况，下面是BMI大于18.5的情况。现在我们可以在两个显示内容之间切换了

此时，我们就可以根据 BMI 的值是否小于 18.5 来切换显示内容了。不过，根据 WHO 的标准，BMI 的值大于 18.5 且同时小于 25 的情况为"正常体重"，而大于 25 且同时小于 30 的情况为"较胖"，大于 30 的情况为"肥胖"。接下来我们可以考虑一下如何根据这个肥胖程度的划分来分别显示不同的内容。

练习
Practice

Q 题目:如果与上期相比达到了120%或更高,则显示"目标达成"

创建一个程序,如果你输入上期和本期的销售数字,则可以计算并显示本期相对于上期的比例,同时,如果这个比例低于120%,则显示"目标未达成";如果等于或超过120%,则显示"目标达成"。这里你可以省略比例的百分比符号(%)。

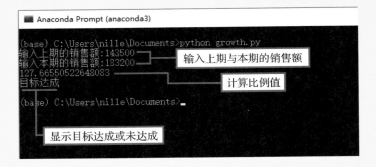

A 答:首先利用input函数提示用户输入上期的销售额和本期的销售额,然后通过float函数将结果转换为数值。接着将本期的数值除以上期的数值并乘以100得到比例值。最后判断这个值是否小于120。如果条件成立,则使用if语句显示"目标未达成";如果条件不成立,则使用else语句显示"目标达成",说明比例值等于或大于120。这个程序基本上与"bmi_8.py"相同,因此很容易编写。

growth_1.py

```python
prev = float(input('输入上期的销售额:'))
this = float(input('输入本期的销售额:'))
growth = this / prev * 100
print(growth)
if growth < 120:
    print('目标未达成')
else:
    print('目标达成')
```

3.5 比较运算符和逻辑运算符

在创建基于 BMI 的肥胖程度评估程序之前，我们需要先了解一下"比较运算符"和"逻辑运算符"。这对于实现程序中的"判断"是非常必要的。

实际上，在前面的程序中我们已经使用过比较运算符了。我们使用了"<"（小于运算符）来检查 BMI 的值是否小于 18.5，这就是一个比较运算符。比较运算符的作用是比较其左右两边的值，如果关系成立，则返回"True"；如果关系不成立，则返回"False"。

可以使用 Anaconda Prompt 启动 Python 的交互式 Shell 来测试一下（见图 3.24）。

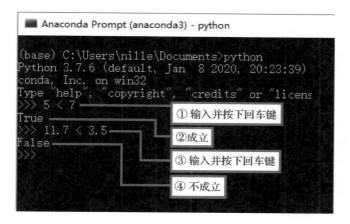

图3.24　因为"5 <7"成立，所以返回"True"，而"11.7 <3.5"不成立，所以返回"False"

通过测试我们了解到，如果比较运算符成立，则返回"True"，否则返回"False"。另外，运算符两端的数一般称为"操作数"。

比较运算符不限于"<"（小于运算符）。表 3.2 中列出了其他的比较运算符。

表3.2　Python中使用的比较运算符表

运算符	示例	说明
==	a == b	a和b相等
!=	a != b	a和b不相等
>	a > b	a大于b
<	a < b	a小于b
>=	a >= b	a大于或等于b
<=	a <= b	a小于或等于b

一般在数学符号中，"等于"是"="，"不等于"是"≠"，但在 Python 中，"等于"表示为"=="，而"不等于"表示为"!="。而"大于或等于"和"小于或等于"则表示为">="和"<="，就是在">"和"<"之后加上"="。注意，所有的字符均是半角字符。下面我们来检查一下每个比较运算符返回的值（见图 3.25）。

```
>>> 3 == 3
True
>>> 3 == 5
False
>>> 3 != 3
False
>>> 3 != 5
True
>>> 5 > 5.1
False
>>> 3 >= 3
True
>>> 3 > 3
False
>>> 3 >= 4
False
>>> 3 <= 3
True
>>> 3 < 3
False
>>> 3 <= 4
True
```

图3.25　在交互式Shell中检查比较运算符的示例。这里能看到，当表达式成立时将返回True，而当表达式不成立时将返回False

正如我们看到的，比较运算符的运算结果会返回 True 或 False 这两个值。因此，if 语句的"条件表达式"就是确定表达式结果是 True 还是 False 的表达式。

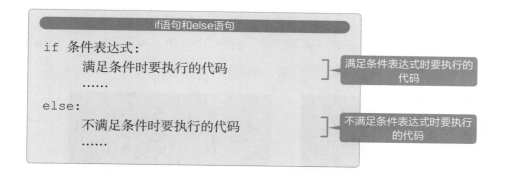

if语句和else语句

```
if 条件表达式:
    满足条件时要执行的代码
    ……
else:
    不满足条件时要执行的代码
    ……
```

满足条件表达式时要执行的代码

不满足条件表达式时要执行的代码

□逻辑运算符

将包含比较运算符的条件表达式作为操作数，判断多个条件之间关系的运算符称为逻辑运算符。Python 用到的逻辑运算符如表 3.3 所示。

表3.3　Python中的逻辑运算符表

运算符	示例	说明
and	a and b	从左侧开始，如果存在等于False的项，则返回False；如果所有项都等于True，则返回最后一项的值
or	a or b	从左侧开始，如果存在等于True的项，则返回True；如果所有项都等于False，则返回最后一项的值
not	not a	如果a为True，则返回False；如果a为False，则返回True

注：可以使用"and" "or"来连接多个表达式，例如"a and b and c and…"。

"and"和"or"通常用于所谓"～和～""～或～"的判断。当你需要组合判断多个包含比较运算符的条件表达式时，就需要使用逻辑运算符。

例如，以下 and 运算符表达式的结果是什么呢？

```
3 < 4 and 5 < 6
```

这种情况下，"3 <4"和"5 <6"均成立，因此返回的值是"True"。而另一情况。

```
3 < 4 and 5 > 6
```

这种情况下，由于"3 <4"成立但"5> 6"不成立，因此返回的值是"False"。不过如果使用的是 or 运算符。

```
3 < 4 or 5 > 6
```

这种情况下，由于第一项"3<4"就成立，所以返回的值是"True"。

让我们检查一下每个逻辑运算符返回的值。在图3.26中，我直接输入"True"和"False"作为逻辑运算符的两个操作数，结果如下。

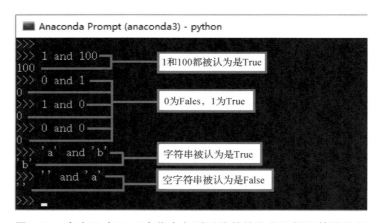

图3.26　尝试在交互式Shell中应用各种逻辑运算符，我们来比较一下返回的结果

顺便说一下，逻辑运算符的操作数基本上都是"布尔型"的（True 或 False），不过布尔型以外的值也是可以接受的。让我们来试试，在使用 and 运算符时，如果操作数不是布尔型的，那么返回的值是什么（见图 3.27）。

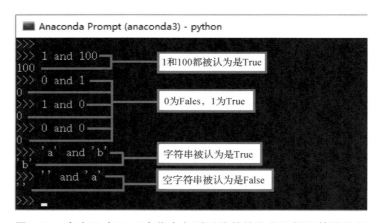

图3.27　在交互式Shell中将布尔型以外的值作为逻辑运算符的操作数。大家可以看到数字和字符串是如何判断的。代表"空字符串"的"''（两个单引号）"被认为是"False"

说明

布尔型的值只有"True"和"False"，True对于int型来说就是"1"，而False对于int型来说就是"0"。因此，"True + True"的结果就是2。

3.6 肥胖程度评估程序

现在你已经了解了比较运算符和逻辑运算符，那么让我们来完成最终的基于 BMI 的肥胖程度评估程序吧！在之前的程序当中添加"偏瘦"之外的情况。

□ if 语句的嵌套

首先判断正常体重的情况。正常体重的 BMI 的值是在 18.5 ~ 25（包含 18.5）。因此，在"bmi_8.py"中添加以下 if 语句。红色部分是添加或更改的代码。

bmi_9.py

```
weight = float(input('输入体重(kg):'))
height = float(input('输入身高(cm):')) / 100
bmi = weight / (height**2)
print(bmi)
if bmi < 18.5:
        print('偏瘦')       ── ① "bmi <18.5" 成立时执行的程序块
else:
    if bmi < 25:
            print('体重正常')  ── ③ "bmi <25" 成立时执行的程序块
    else:
            print('体重不轻')  ── ④ "bmi <25" 不成立时执行的程序块
② "bmi <18.5" 不成立时执行的程序块
```

这个程序中，if 语句内还有另一个 if 语句。这种"在某种语句中使用相同语句的情况"被称为"嵌套"。

第一个 if 语句的条件表达式是判断 bmi 是否小于 18.5。如果此条件表达式成立，则执行①中的程序块，并且不会执行 else 中缩进的②中的程序块。

另一方面，如果 bmi 等于 18.5 或更大，则不会执行①中的程序块，而是执行 else 语句中的程序块。不过在②中还有另一个 if 语句。由于这个 if 语句是②中的 if 语句，因此应将其缩进为与①中的程序块对齐。

第二个 if 语句是判断 bmi 是否小于 25。如果成立，则 bmi 的值为大于或等于 18.5 同时小于 25，因此显示"体重正常"。这是③中的程序块。注意这部分代码在第 2 个 if 语句中，所以会比②中的内容多一个缩进。整体算下来就是两个缩进（8 个半角空格）。

相对的 bmi 不小于 25 的情况，即 bmi 为 25 或更大，则显示"体重不轻"。这是④中的程序块。同样，这里要缩进到与③中的程序块对齐。

现在，程序可以判断体重偏瘦和体重正常两种情况了。接下来通过相同的方式再嵌套一个 if 语句，如果 bmi 为 25 或更大，并且小于 30，则可以判断为"较胖"，如果 bmi 为 30 以上，则可以判断为"肥胖"。

bmi_10.py

```python
weight = float(input('输入体重(kg):'))
height = float(input('输入身高(cm):')) / 100
bmi = weight / (height**2)
print(bmi)
if bmi < 18.5:
    print('偏瘦')
else:
    if bmi < 25:
        print('体重正常')
    else:
        if bmi < 30:
            print('较胖')
        else:
            print('肥胖')
```

如果"bmi <25"不成立，则执行嵌套的 if 语句

□ 使用逻辑运算符

如果这样嵌套使用 if 语句，则可以逐步地判断多个条件，当然，我们也可以通过逻辑运算符来实现相同的功能。使用逻辑运算符会让你的代码更易于阅读，代码如下所示。

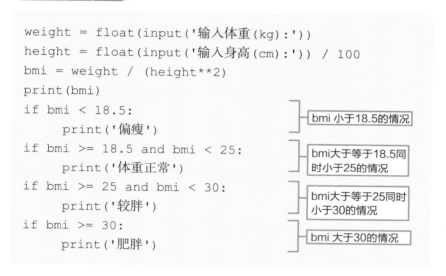

bmi_11.py

```
weight = float(input('输入体重(kg):'))
height = float(input('输入身高(cm):')) / 100
bmi = weight / (height**2)
print(bmi)
if bmi < 18.5:                          bmi 小于18.5的情况
    print('偏瘦')
if bmi >= 18.5 and bmi < 25:            bmi大于等于18.5同
    print('体重正常')                    时小于25的情况
if bmi >= 25 and bmi < 30:              bmi大于等于25同时
    print('较胖')                        小于30的情况
if bmi >= 30:                           bmi 大于30的情况
    print('肥胖')
```

□ elif 语句的使用

顺便说一下，在使用嵌套和逻辑运算符判断多个条件的情况下，判断越多，嵌套和逻辑运算符就越多，代码阅读起来就越困难。结构越复杂，就越容易出错。

这种情况下可以考虑使用"elif 语句"。使用 elif 语法，可以从上往下按顺序判断条件表达式，只有条件表达式为 True 时才会执行对应的程序块。使用 elif 语句时要注意一点，如果从上往下按顺序判断条件表达式，那么当条件表达式为 True 执行相应的程序块之后，程序将不会转到下一个 elif 语句或 else 语句进行判断，而是结束整个判断语句。

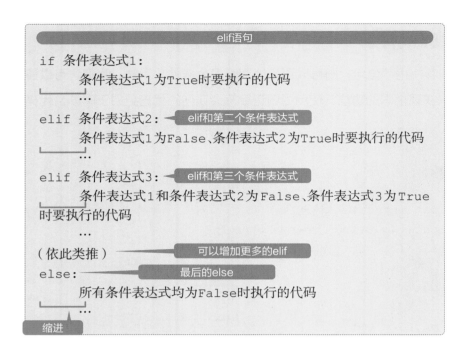

使用这种 elif 语句完成的肥胖程度评估程序如下。

bmi_12.py

```
weight = float(input('输入体重(kg):'))
height = float(input('输入身高(cm):')) / 100
bmi = weight / (height**2)
print(bmi)
if bmi < 18.5:
    print('偏瘦')
elif bmi < 25.0:
    print('体重正常')
elif bmi < 30.0:
    print('较胖')
else:
    print('肥胖')
```

使用elif语句
完成的程序

程序完成后，启动 Anaconda Prompt 并运行程序。然后输入身高和体重以确定你的肥胖程度。你可以尝试输入各种数值来检测程序是否能够正常工作（见图 3.28）。

Python超入门（全彩）：从基础入门到人工智能应用

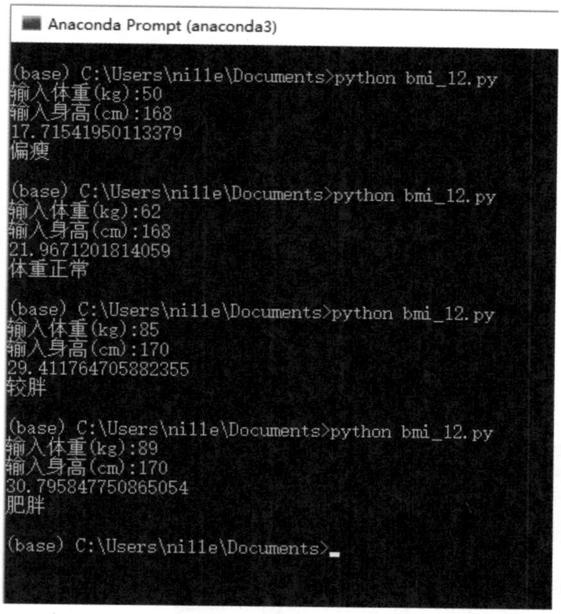

图3.28　执行完成的程序。根据输入的
身高和体重来显示肥胖程度

扩展阅读

可以在程序中添加"注释"来进行说明，以便之后自己或他人阅读程序。

但是，如果我直接在代码中输入说明性文字，Python是无法区分代码和注释的，因此，为了表示哪些是注释，在注释的开头会添加符号"#"。从"#"到换行符的字符串就是注释。注意要输入半角的字符"#"。

growth_2.py

```python
prev = float(input('输入上期的销售额:'))
this = float(input('输入本期的销售额:'))
growth = this / prev * 100        #计算相对于上期的比例
print(growth)                      #显示相对于上期的比例

#目标达成或未达成的判断与显示
if growth < 120:
        print('目标未达成')
else:
        print('目标达成')
```

注释

由程序员决定是否添加注释。注释越多，初学者就越容易理解，但是如果在很容易理解的地方也添加注释，可能就有点烦人了。所以要合理使用注释。

Q 题目：评价考试成绩的等级

分别对"阅读""听力"和"写作"这三项进行测试。每项的最高分为50，如果受试者三项的平均分数为40或更高，则成绩等级为"A"；如果是30～40，则为"B"；如果是20～30，则为"C"；如果小于20，则为"D"。创建一个程序，当输入了三项的分数之后能显示平均分以及成绩的等级。

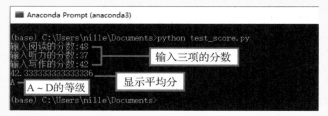

A 答：首先，使用input函数获取阅读、听力和写作的分数。使用float函数将结果转换为数值，并将总得分除以3，以获得平均得分。然后根据平均分评价成绩的等级，这里使用elif语句。评价分为4级。第一个if语句是判断是否"大于等于40"，之后用elif语句判断是否"大于等于30"和"大于等于20"，最后用else语句完成"小于20"的成绩评价。

test_score.py

```python
r = float(input('输入阅读的分数:'))
l = float(input('输入听力的分数:'))
w = float(input('输入写作的分数:'))
ave = (r + l + w) / 3
print(ave)
if ave >= 40:
    print('A')
elif ave >= 30:
    print('B')
elif ave >= 20:
    print('C')
else:
    print('D')
```

第4章

对象和循环

Python Programming

── **本章的知识点** ──

● while循环语句
● 什么是"列表"
● 列表的操作
● 什么是"元组"和"字典"

4.1 循环的处理

在编程中，有一种程序流程处理的方法称为"循环"。另外，Python 还有可以同时管理多个数据的对象，这两者经常结合使用。因此，在第 4 章中，我们首先将学习如何编写"循环"结构程序，然后会将其与可以同时管理多个数据的对象结合使用。

□ 什么是循环

控制程序流程的方法除了上一章中学习的"if 语句"（一种根据条件分别进行处理的方法），还有一种称为"循环"的方法。

一般来说，程序都是自上而下逐行执行的，这叫作"顺序"结构。而"循环"是指程序根据条件转到之前的部分（见图 4.1）。

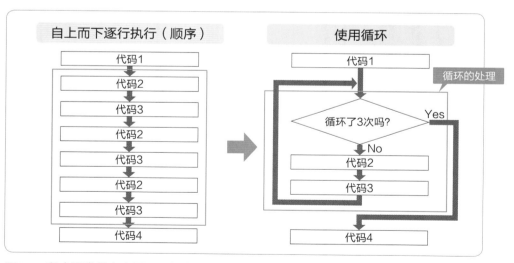

图4.1　程序通常是自上而下逐行执行的（左）。这叫作"顺序"结构。 而在"循环"中，程序会根据条件转到之前的部分，重复执行相同的代码（右）

例如，如果要计算 1 到 100 的和，那么简单的计算代码如下。

```
sum = 1 + 2 + 3 + 4 + …… + 100
```

变量"sum"存储的是1到100的和

如果使用运算符"+"将数字从 1 加到 100，也能得到总和。不过，这种方法的问题在于如果最大数变成了 1000 或 10000 的时候就不太现实了，不但输入起来比较麻烦，而且输入的过程也容易出错。

当然，有那种"加到一个数值"的计算公式也很容易使用。但是如果你确实需要简化加法运算，那么可以使用"while"语句来循环。

□ **while 语句**

while 语句是一种在满足条件表达式时（True）重复执行程序块中代码的语句。在"while"之后输入条件表达式，然后输入冒号并开始新行，接着编写一个仅在条件表达式成立的情况下要重复的程序块。

例如，编写一个显示三次"Python!"的程序，那么代码有可能像下面的"while_1.py"一样。

while_1.py

```
print('Python!')
print('Python!')
print('Python!')
```

```
Anaconda Prompt (anaconda3)                          —    □    ×

(base) C:\Users\ni11e\Documents>python while_1.py
Python!
Python!
Python!

(base) C:\Users\ni11e\Documents>
```

下面我们用 while 语句来重写这个程序，如下。

while_2.py

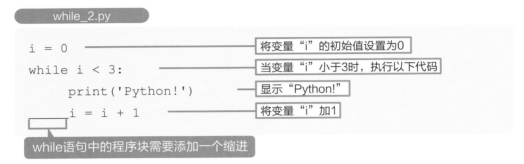

```
i = 0                                    将变量 "i" 的初始值设置为0
while i < 3:                             当变量 "i" 小于3时，执行以下代码
    print('Python!')                    显示 "Python!"
    i = i + 1                           将变量 "i" 加1
```

while语句中的程序块需要添加一个缩进

运行结果

```
Anaconda Prompt (anaconda3)                          —    □    ×

(base) C:\Users\ni11e\Documents>python while_2.py
Python!
Python!
Python!

(base) C:\Users\ni11e\Documents>
```

运行这个程序时，你会看到显示了 3 次 "Python!"。下面我们来详细解释一下代码的内容。

代码中首先定义了一个变量 "i" 并将其设置为 0。

```
i = 0
```

接下来是 while 关键字、半角空格、条件表达式和冒号。

```
while i < 3:
```

开始的时候 "i" 为 0，因此条件表达式 "i < 3" 的结果为 True。在 while 语句中，当条件表达式为 True 时会执行后面程序块中的代码。对应要执行的程序块是下面这 2 行。

```
print('Python!')
i = i + 1
```

缩进（四个半角空格）

注意这 2 行代码前面都有缩进。首先执行 print 函数在界面中显示第一个"Python!"。然后执行"i = i + 1"，其功能是将"i 加 1"。当前"i"等于 0，因此加 1 会让"i"变为 1。由于 while 语句程序块中的内容只有这 2 行代码，所以接下来就会回到 while 语句的开头。

返回到开头之后，还是会先判断条件表达式"i < 3"。现在"i"的值为 1，所以"i < 3"的结果仍是 True。因此，又会执行下面的 print 函数显示第二个"Python!"。然后变量"i"会再加 1 变成 2，接着再返回到 while 语句的开头。

接下来会发生什么，我想你已经知道了。由于条件表达式"i < 3"的结果依然为 True，因此将接着执行 print 函数显示第 3 个"Python!"。然后变量"i"会变为 3。

之后，当又返回到 while 语句的开头时，条件表达式"i < 3"的结果这次变成了 False。当条件表达式为 False 时，while 语句将停止循环并跳过循环的程序块向下执行。

这里在"while_2.py"程序中，while 语句的程序块下面没有代码了。因此，程序到此结束。

说明　许多初学者在看到代码"i = i + 1"时，会困惑"为什么 i 和 i + 1 会相等？"。这是因为他们将符号"="理解为了"等于"的"等号"。代码"i = i + 1"中的"="不是等号，而是"赋值运算符"，即表示"将右边的值赋值给左边的变量"。而代码"i = i + 1"则表示"将 i 加 1 后再赋值给 i"。

i = i + 1

赋值　　　　　将 i 在原有值的基础上加 1

□从 1 加到指定的数

使用 while 语句，你可以通过同样一个简单的程序来轻松地计算 1 到 100 或是 1 到 1000 的和。如果要计算 1 到 100 的和，则程序如下。

> **while_3.py**

```
i = 1                    ── 将变量"i"的初始值设置为第一个数字1
sum = i                  ── 将存储总和的变量"sum"设置为第一个数字i
while i < 100:           ── 当变量"i"小于100时循环执行
    i = i + 1            ── 将变量"i"加1
    sum = sum + i        ── 将变量"i"加到总和变量"sum"上
print(sum)               ── 显示总和
```

> **运行结果**

```
Anaconda Prompt (anaconda3)                        —  □  ×

(base) C:\Users\ni11e\Documents>python while_3.py
5050        ── 1加到100的总和
(base) C:\Users\ni11e\Documents>
```

在这个程序中，变量"i"的初始值是第一个数字 1。然后在 while 语句的循环中，变量"i"会逐渐加 1，变为 2、3、4、5……，最终到 100 时，循环结束。而在循环期间，会将"i"的值一个一个地添加到变量"sum"当中，因此最终将得到 1 到 100 的和。当最后 i 等于 100 并回到 while 语句开头部分的时候，由于条件表达式"i < 100"的结果为 False，因此不再执行循环中的程序块。while 循环之后是通过 print 函数显示总和，然后程序结束。

下面的"while_4.py"程序会允许你通过键盘输入数字来确定要从多少加到多少，这里使用了上一章介绍的 input 函数。

> **while_4.py**

```
i = int(input('输入开始的数字:'))      ┐  使用input函数接收输入的数字。
k = int(input('输入结束的数字:'))      ┘  由于input函数返回的是字符串，
                                          因此使用int函数将其转换为数字
sum = i                                   （整型）
while i < k:    ── 当变量"i"小于变量"k"（结尾的数字）时循环
    i = i + 1
    sum = sum + i
print(sum)
```

运行结果

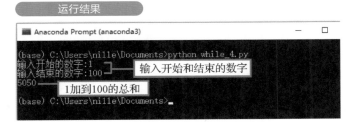

□ while 中的 break 语句

在 while 语句中，你可以使用"break 语句"来强制退出程序块。不过，如果突然执行 break 语句，循环会立即结束，因此通常会将其与 if 语句结合使用，只有条件表达式为 True 时才执行 break 语句。

在下面的代码中，while 语句实现的功能是当变量"i"的值小于 5 的时候就显示变量的值。不过 while 语句程序块中的 if 语句却在"i"等于 2 的时候执行了 break 语句，从而结束了 while 循环。

while_5.py

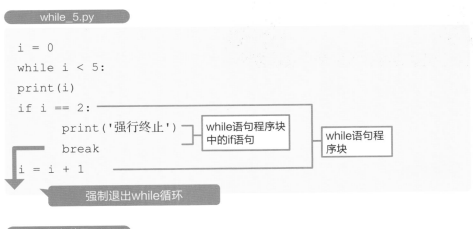

运行结果

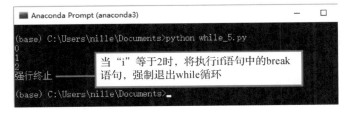

□ while 中的 continue 语句

在 while 语句中，如果要强制跳转到 while 语句的开头（条件表达式的位置），那么可以使用"continue"语句。continue 语句通常也与 if 语句结合使用。在下面的代码中，while 语句实现的功能是当变量"i"的值小于 5 的时候显示变量的值，不过当变量的值等于 3 的时候，continue 语句会强制跳转到 while 语句的开头，这样就不会显示变量的值"3"了。

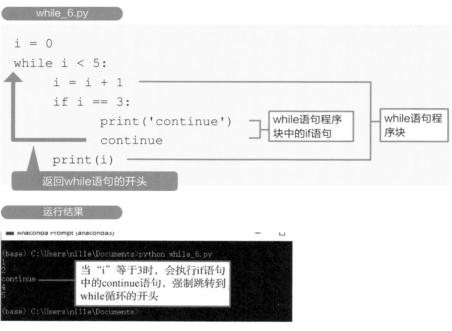

while_6.py

```
i = 0
while i < 5:
    i = i + 1
    if i == 3:
        print('continue')
        continue
    print(i)
```

while语句程序块中的if语句

while语句程序块

返回while语句的开头

运行结果

当"i"等于3时，会执行if语句中的continue语句，强制跳转到while循环的开头

□ while 中的 else 语句

和 if 语句一样，while 也有 else 语句。while 的 else 语句会对应一个程序块，这个程序块只在循环结束的时候执行一次。

while_7.py

```
i = 0
while i < 3:
print(i)
i = i + 1
else:
    print('else语句。')
```

else的缩进与while的缩进相同

使用与while语句程序块相同的缩进来编写else语句程序块

运行结果

在循环结束时运行一次

Python超入门（全彩）：从基础入门到人工智能应用

在编写循环程序时，需要注意"无限循环"的情况。无限循环是指"不断重复不会结束的循环状态"，在无限循环的界面中，屏幕好像被冻结了。例如，下面的程序就是一个无限循环。

while_8.py

```
i = 0
while i < 3:
    print('Python!')
```

不停地输出"Python!"

知道问题出在哪里吗？在这个程序中，由于变量"i"的值不变，所以while语句的条件表达式"i <3"的判断结果永远为True，这样就会永远执行"print('Python! ')"。这可能是由于你忘写了本应在while语句中的"i = i + 1"。这是一个常见的错误，不过如果你不小心进入了这样一个无限循环，可能会感到慌张。

如果在一个无限循环当中，我们可以强行终止程序运行。强行终止程序的方法取决于开发环境，不过如果你在诸如Anaconda Prompt这样的控制台界面中，则可以通过按下"Ctrl+C"组合键来实现。在具有终止程序按钮的开发环境中，可以通过单击按钮来停止程序。

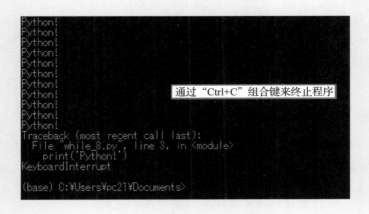

通过"Ctrl+C"组合键来终止程序

Q 题目：猜数游戏

制作一个猜数游戏。输入0到9之间的整数，如果数字和答案一致，则显示"正确！"；如果不一致，则显示"抱歉！"。总共有5次机会。如果都不正确，则游戏结束。

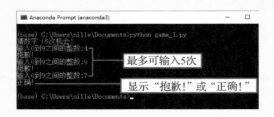

A 答：首先，将答案设置为7。这个答案是放在变量"num"中的，然后用while语句实现5次输入的循环。循环中使用if语句来判断input函数输入的数字。如果与答案一致，则显示"正确！"，并用"break"语句结束循环。

game_1.py

```
num = 7
print('猜数字（5次机会）')
i = 0
while i < 5:
    ans = int(input('输入0到9之间的整数:'))
    if ans == num:
        print('正确! ')
        break
    else:
        print('抱歉! ')
    i = i + 1
```

目前的状态下，答案始终是7，这样这个游戏就没意思了。如果你希望每次的答案都不同，可以用以下代码代替第一行的"num = 7"。

```
import random
num = random.randint(0, 9)
```

这样，random库的randint函数就可以生成一个0到9的随机整数。

到目前为止，在程序中我们只是将一个数据赋值给了一个变量。但是，Python 的对象是可以保存和管理多个数据的，通过给此对象一个变量名，一个变量可以处理多个数据。最典型的可以保存和管理多个数据的对象就是"列表"。

例如，包含整数"1、3、7、13、17"的列表可以这样理解（见图 4.2）。

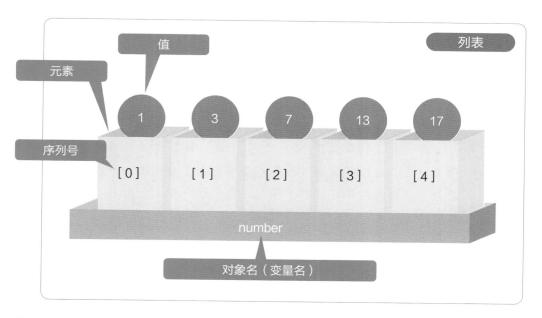

图 4.2　对象名为"number"的列表可以看成是由多个称为"元素"的变量组成的，其中每个元素都有一个序列号（数字）

列表中的变量称为"元素"。每个元素都有一个称为"序列号"的数字，通过序列号你可以标识该元素。列表是与变量关联的，变量名可以被视为对象名。

□列表的定义

使用列表之前肯定要先定义一个列表。定义列表是将元素放在一个 [ ]（方括号）中，而元素之间用逗号分隔。例如，要定义一个包含整数"1、3、7、13、17"的列表，则代码如下。

这样创建的对象是没有名称的。因此，可以使用"赋值运算符"将一个列表赋值给一个变量。这里，我们将列表对象赋值给变量"number"。代码如下：

　　我们在代码中都是使用"="（赋值运算符）来为变量赋值，但实际上，这个赋值的过程并不会真的在变量中添加一个值，而只是将变量名和对象连接在了一起。在Python中，将变量名与对象连接称为"绑定"。

现在，列表对象被命名为"与变量名相同"。在这里，变量名是"number"，所以对象名也就是"number"。

你可以使用变量名（对象名）检查列表的内容。让我们在 Python 的交互式 Shell 中尝试一下。

在 Python 的交互式 Shell 中，无须使用 print 函数就可以检查对象的内容。输入对象名"number"并按下回车键就能够显示列表内容（见图 4.3）。

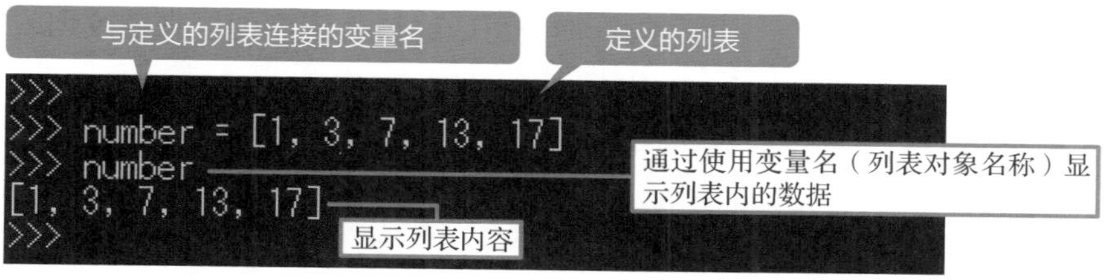

图4.3　将列表对象绑定到变量"number"并检查其内容

☐ 使用列表中的数据

要使用列表中的元素，需要按照序列号指定"元素的编号"。由于序列号是从 0 开始的，因此上面"number"列表的第一个元素是：

```
number[0]
```

让我们在交互式 Shell 中确认一下（见图 4.4 ）。

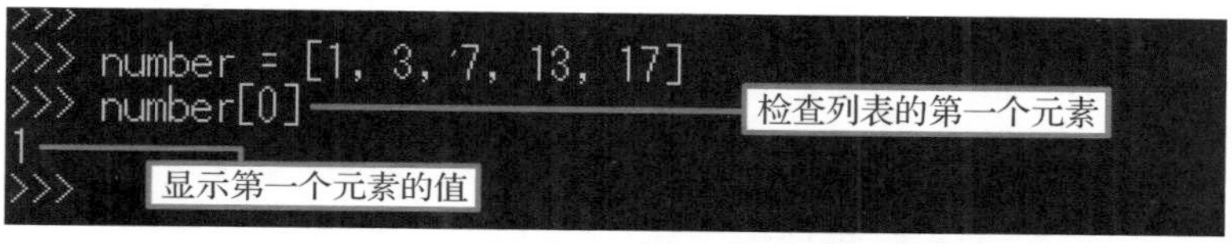

图4.4　通过在方括号内指定元素的序列号来指定元素

让我们使用序列号按照同样的方式按顺序显示元素的值。这里"number"列表有五个元素。 因此，序列号可以指定为 0 到 4。如果为序列号指定是 5，那么就会发生"IndexError"的错误（见图 4.5 ）。

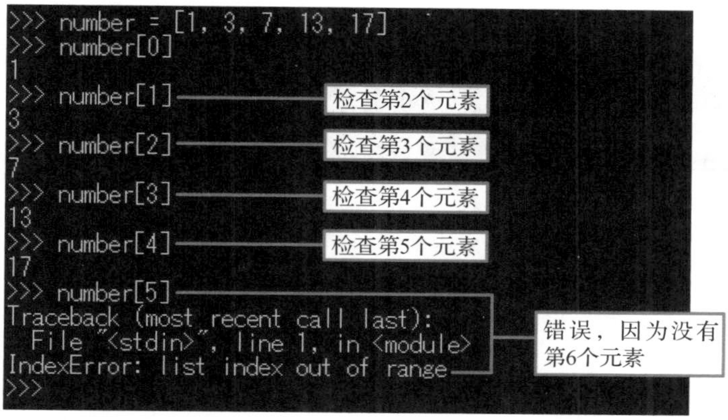

图4.5　使用序列号来依次检查每个元素，使用序列号之外的数字会发生错误

现在你知道如何指定列表的序列号了吗？你也可以通过指定序列号来更改列表的值。

```
number[3] = 200
```

就像这样指定序列号，然后使用"="（赋值运算符）重新赋值（见图 4.6）。

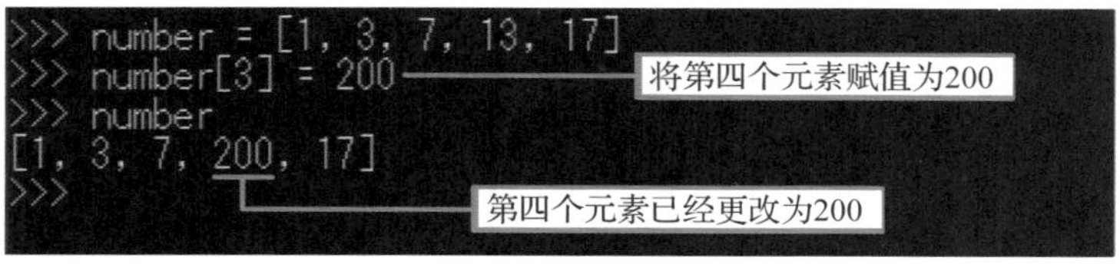

图4.6　通过指定序列号并重新赋值来更改列表中元素的值

□字符串列表

数字不是唯一可以存储在列表对象中的元素，你还可以存储字符串。用法与存储数字的列表"number"相同。不过整数元素是 int 类型的，而字符串元素是 str 类型的，所以在计算时要小心一些（见图 4.7 和图 4.8）。

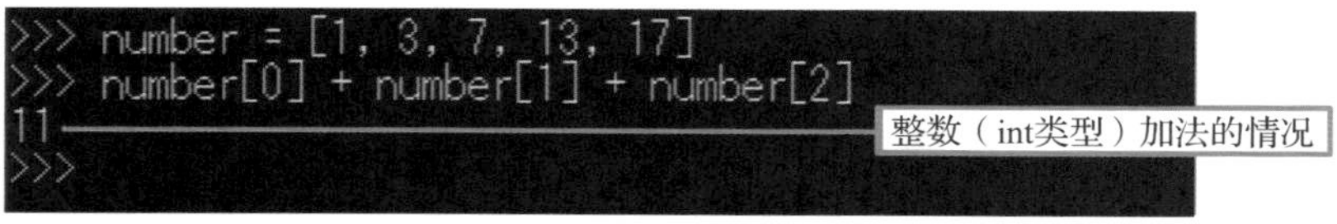

图4.7　如果用"+"运算符连接列表中存储整数的元素，则会进行加法运算。这里由于参与运算的是第1个到第3个元素（1、3、7），因此结果是11

图4.8　将字符串存储在列表中，要将字符串放在一对"'"（单引号）中，并用逗号分隔。用"+"运算符连接这些元素则会把字符串连在一起

□使用列表的序列号

以下是列表序列号使用的一些方法。我们简单介绍一下，有许多方法使用起来会非常方便。

首先是使用负数的序列号。负号表示"从后往前数"的序列号（见图4.9）。

图4.9　如果使用负数的序列号来指定列表元素，则表示从后向前数的元素

接下来使用的方法称为"切片"。这让我们可以指定一段范围内的元素。例如，要指定第 2 个元素到第 4 个元素(序列号为 1 到 3)，那就写为"1:4"。注意要使用":"（冒号）连接开始的序列号和结束的序列号号（见图 4.10 ）。

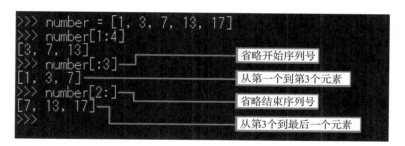

图4.10　如果序列号写为"1:4"，则指定的是第2个元素至第4个元素

你可能会疑惑，为什么代码里的"1 ~ 4"会对应第 2 个到第 4 个元素。如果说序列号是从 0 开始的，那么序列号"1 ~ 4"应该是第 2 个到第 5 个元素才对。不过这里注意，切片的范围是不包括结束序列号对应的元素的。所以，最后的结果就是，切片的范围是到结束序列号之前的元素，即到第 4 个元素。

另外，你可以在切片的代码中省略开始序列号或是结束序列号。如果省略开始序列号，则默认从第一个元素开始；如果省略结束序列号，则默认是到最后一个元素（见图 4.11 ）。

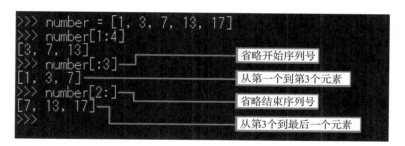

图4.11　如果在切片代码中省略了开始序列号，则默认从第一个元素开始；如果省略结束序列号，则默认是到最后一个元素

□使用对象的方法

列表对象具有各种功能。正如第 2 章中介绍的那样,这种"对象具有的功能"称为"方法"。列表对象的方法包括"append"(追加元素)、"insert"(插入元素)、"remove"(删除元素)和"sort"(元素排序)等(见图 4.12)。

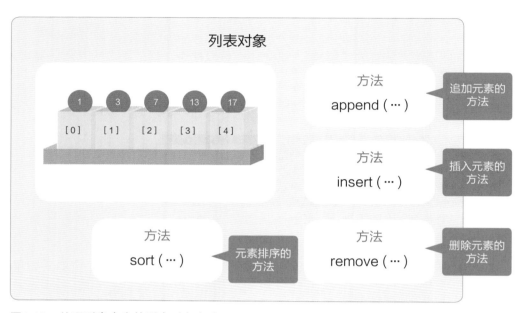

图4.12　处理列表内容的列表对象方法

由于方法是对象具有的功能,因此使用方法的时候需要加上对象名,如下所示。

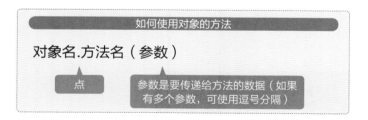

让我们来实际操作一下。比如可以使用"append"方法将元素追加到列表的末尾。要追加的元素就是方法的参数。比如将数值"100"追加到列表(对象)"number"中的代码如下。

```
number.append(100)
```

操作如图 4.13 所示。

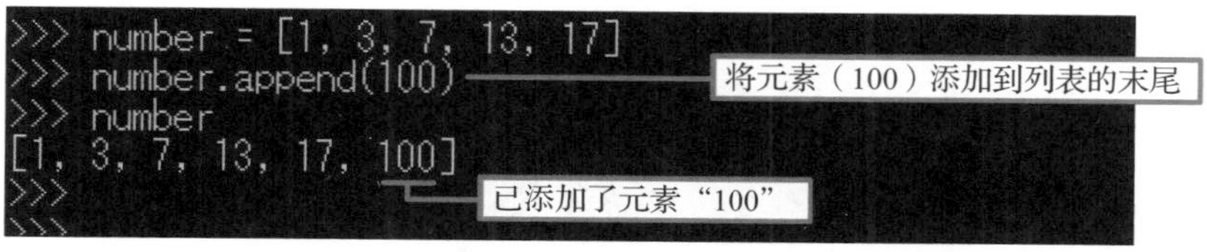

```
>>> number = [1, 3, 7, 13, 17]
>>> number.append(100)————————将元素（100）添加到列表的末尾
>>> number
[1, 3, 7, 13, 17, 100]
>>>                  ——已添加了元素"100"
```

图4.13　使用append方法将"100"追加到列表"number"的末尾

如果你不希望把元素追加到列表的最后，而是想将元素添加到指定位置，则需要使用"insert"方法。具体的添加位置可以通过参数来设定，例如，将数值"150"添加为列表第 4 个元素的代码如下。

添加的值

```
number.insert(3, 150)
```

序列号3的位置（第4个元素）

要注意列表的序列号是从 0 开始，因此在代码中要将序列号指定为 3，表示第 4 个元素的位置。实际操作如图 4.14 所示。

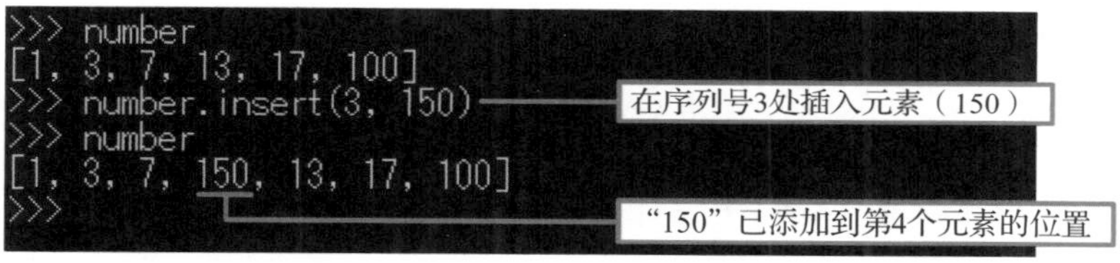

```
>>> number
[1, 3, 7, 13, 17, 100]
>>> number.insert(3, 150)————————在序列号3处插入元素（150）
>>> number
[1, 3, 7, 150, 13, 17, 100]
>>>              ——"150"已添加到第4个元素的位置
```

图4.14　使用insert方法并将值"150"插入列表中第4个元素的
位置（序列号为3）

使用"remove"方法能够删除与参数内容相同的元素（见图 4.15）。如果有很多内容相同的元素，则删除从头开始数的第一个匹配的元素。

```
>>> number = [10, 20, 30, 40, 30]
>>> number.remove(30)————————删除从头开始数的第一个"30"
>>> number
[10, 20, 40, 30]
>>>        ——第一个"30"已删除
```

图4.15　使用remove方法的示例。在"number"这个列表中，第3
个和第5个元素的内容都是"30"，但执行方法后只是删除了第3个
元素

这里最后介绍的是能够对元素进行排序的"sort"方法。如果省略参数将代码写为"sort()"，那么会将列表按从小到大排列，如果增加参数"reverse=True"，那么方法会将列表按从大到小排列（见图4.16）。

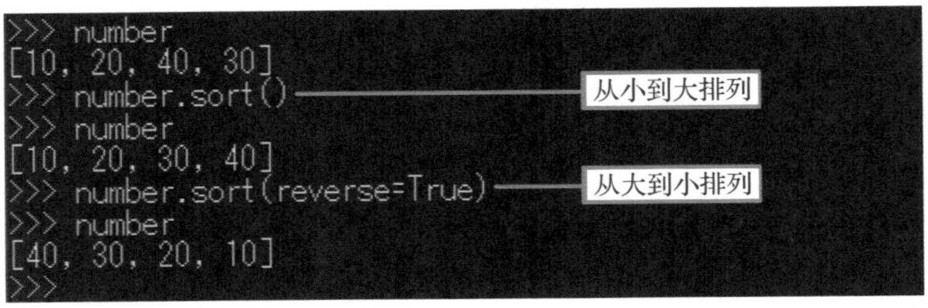

```
>>> number
[10, 20, 40, 30]
>>> number.sort()          ————————————  从小到大排列
>>> number
[10, 20, 30, 40]
>>> number.sort(reverse=True) ——————————  从大到小排列
>>> number
[40, 30, 20, 10]
>>>
```

图4.16　使用sort方法的示例。如果省略参数，则将列表按从小到大排列，如果增加参数"reverse=True"，则将列表按从大到小排列

正如你看到的，列表是一个对象，因此你可以执行使用各种方法。不过，更改列表中的值不需要使用方法。值的更改是通过指定序列号进行的赋值操作实现的。

✏️ 说明　　Python是一种面向对象的编程语言，因此它处理的所有数据都是一个对象。前面的示例中，我们在列表中存储的是数值和字符串，但是你可以在列表中存储任何数据（对象）。例如，可以在列表中存储float型的浮点数、bool型的True或False、bytes型的字节数据，还可以存储另一个列表对象，甚至可以存储第5章中介绍的"函数"。

Python超入门（全彩）：从基础入门到人工智能应用

80

4.3 列表和循环

现在你已经知道如何创建一个可以保存和管理多个数据的"列表",同时还知道如何修改列表中的元素。本节我们将介绍如何和"循环"语句一起使用,这是使用列表的基础。

□利用循环语句枚举列表中的内容

列表中的元素是按顺序编号的,这称为序列号。因此,如果执行以下程序,则可以按顺序显示序列号为 0、1、2 的列表元素(见图 4.17)。

list_1.py

```
fruit = ['橘子', '苹果', '香蕉']  ——— 字符串列表 "fruit"
print(fruit[0]) ┐
print(fruit[1]) ├ 按顺序显示 "fruit"
print(fruit[2]) ┘ 的元素
```

图4.17 "list_1.py"的执行结果,按顺序显示了列表的字符串

如果仔细查看"list_1.py"的代码,那么就会发现这个程序可以用一个序列号递增的循环实现。因此可以用 while 语句重新编写这段代码,如"list_2.py"所示。执行结果见图 4.18。

```
fruit = ['橘子', '苹果', '香蕉']
i = 0 ————————————————  将变量i设置为0
while i < 3: ——————————  当i小于3时执行以下循环
    print(fruit[i]) ——  显示"fruit"的第i个元素
    i = i + 1 —————————  将变量i加1
```

```
(base) C:\Users\ni11e\Documents>list_2.py
橘子
苹果
香蕉
```

图4.18 "list_2.py"的执行结果，与"list_1.py"的执行结果
相同

再来看一下重写的"list_2.py"的程序流程。首先，创建一个名为"fruit"的
列表。然后使用 i 作为变量来保存指定此列表元素的序列号。由于序列号从 0 开始，
因此在开头将 i 赋值为 0。如果在此状态下执行 while 语句，则条件表达式"i <3"
成立，所以将执行 while 语句中的程序块。此时程序块中的"print(fruit[i])"可以看
成是"print(fruit[0])"，因此将显示列表中的第一个元素"橘子"。

不过，如果直接回到 while 语句的开头，那么就只会显示"橘子"。因此，要
编写"i = i + 1"将变量 i 加 1，然后回到循环开头第二次执行 while 语句中的程序
块。此时 i 变成了 1,因此会显示序列号为 1 的元素"苹果"。类似地，由于 i 第三次为 2,
因此会显示"香蕉"，之后当 i 变为 3 时，退出 while 循环程序。

□列表中的元素个数

Python 有一个称为"len"的函数，可以用来检查对象中元素的个数。将一个
对象指定为参数时，len 函数将返回元素的个数。因此，可以将 len 函数加入之前
的代码中。

```
fruit = ['橘子', '苹果', '香蕉']
i = 0
while i < len(fruit): ——  使用len函数检查"fruit"中元素的个数
    print(fruit[i])
    i = i + 1
```

在"list_2.py"中，循环的条件表达式为"i <3"，这里"3"的部分被 len 函数代替了。这样代码中元素的个数就不会限定为 3 了，当列表对象中元素的数量增加或减少时，都可以使用相同的代码。

□使用 for 语句按顺序访问元素

本小节，我将介绍一个能使你的代码更加简洁的语句。在 Python 中，有一个称为"for 语句"的循环语句。使用这个语句能够按顺序将对象的元素存储在一个变量中进行处理。

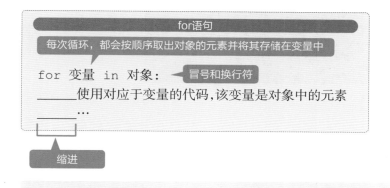

> 说明　这里使用的是"取出"，不过确切地说，元素和变量名只是一种连接（绑定）。这并不意味着元素实际上已从列表中取出并从列表中删除。

让我们用 for 语句重写上面的代码。

list_4.py

```
fruit = ['橘子', '苹果', '香蕉']
for f in fruit:        按顺序取出"fruit"的元素，并将其放入变量f中
    print(f)           显示从变量f中取出的元素
```

这段代码非常短。如果要按顺序处理列表的所有元素，则 for 语句比 while 语句更合适。并且所有的操作是和元素数量的增减没有关系的。

但是，while 语句和 for 语句各有各的特点。for 语句的代码写起来可能比较简单，但是如果不是针对所有元素执行相同的操作，而是要根据序列号执行不同的操作或退出循环，可能程序编写起来就比较麻烦了。这时如果使用 for 语句就需要每次都查看当前的序列号。因此要根据实际情况正确地使用 for 语句。

Q 题目：使用输入的名称创建一个电子邮件地址

如果要为5个会员创建电子邮件地址，当使用半角英文字母输入会员名之后，程序会在后面加上"@ingchuang.com"变成电子邮箱地址并显示出来。依次输入会员名，然后按升序输出显示电子邮件地址。

A 答：首先，定义一个名为"member"的空列表，然后把使用input函数获取的输入字符串信息追加到列表中。我想添加5个人，因此使用while语句重复了5次。循环中使用append方法将元素添加到列表中。之后使用sort方法对列表进行排序，省略参数的话则默认为升序。

使用for语句能很容易地按顺序获取和处理列表的所有元素。这里将元素取出存到变量"m"中，然后连接字符串"@ingchuang.com"，最后使用print功能输出显示邮箱地址。

list_5.py

```
member = []
i = 0
while i < 5:
    name = input('输入会员名:')
    member.append(name)
    i = i + 1
member.sort()
for m in member:
    print(m + '@ingchuang.com')
```

元组和字典

并不是只有列表可以保存多个数据对象。在 Python 中还有很多存储数据的形式，不过本节将介绍一下和列表有些类似的"元组"和"字典"。

□元组的使用

元组[*]（tuple）最开始作为一个后缀，表示的是"有限且有序的数列"。Python 中的元组是与列表功能几乎相同的对象。它与列表的区别在于元组无法修改（见图 4.19）。元组中的元素不能追加、删除和替换，因此，使用元组的优点是不用担心会不小心修改了数据。

创建元组是把元素放在一对圆括号内，而不是像列表那样放在一个方括号内。元素之间依然是用逗号分隔。例如，要创建一个包含"橘子""苹果""草莓""香蕉"和"葡萄"这五个元素的元组，所有元素是放在圆括号内的。而列表的元素是放在方括号内的，这两者很像，要注意其中的差异。

---

* 译者注：要理解元组（tuple）的含义我们先来看一组英文单词

monuple（1倍，也称为single），couple（2倍，也称作double），triple（3倍），quadruple（4倍），quintuple（5倍），sextuple（6倍），septuple（7倍），……，centuple（100倍）

这些表示倍数的单词都有一个共同的后缀-ple，-ple来源于古拉丁文plus（更多的意思）。这些单词的前面来源于是拉丁文的数字1、2、3、4……100。后来，人们从这些单词里提取出一个更长的后缀-tuple。

20世纪50年代，数学中出现了一个"有序数对"的概念，表示为2-tuple。"有序数对"是指有顺序的两个数a和b组成的数对，数学符号记作(a,b)。所谓有序，是指一个2-tuple的元素顺序是固定的，例如(a,b)和(b,a)是不同的有序数对。将有序数对扩展为一个有n个元素的有序数列，则表示为n-tuple。这样，数学概念中tuple就诞生了。

计算机语言出现后，tuple作为一种数据结构被引入了计算机科学领域。不止python，其他很多语言都有tuple结构，如Lisp、Scala、Swift等。tuple的意思就是长度不可变的有序序列，在计算机语言中，tuple的元素并不只限于数字，而可以是任意数据类型。

元组这个翻译本人认为可能源自于日语，因为日语中"组"就有"有序的一类东西"的意思，而"元"表示的是最开始的、不可变的。

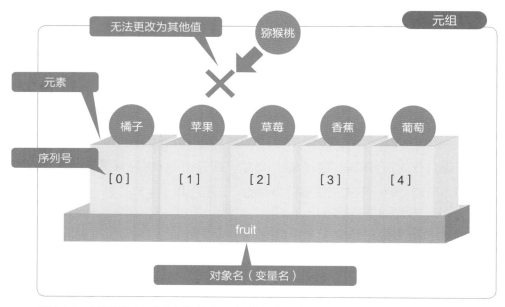

图4.19 "元组"与"列表"类似，都有多个元素，不过它与列表的不同之处在于它不能更改

```
fruit = ('橘子', '苹果', '草莓', '香蕉', '葡萄')
```
元组

```
fruit = ['橘子', '苹果', '草莓', '香蕉', '葡萄']
```
列表

> 说明 创建元组时还可以省略括号，这样写也是可以的。
>
> ```
> fruit = '橘子', '苹果', '草莓', '香蕉', '葡萄'
> ```

使用元组元素的方法与列表基本相同。可以在 Python 的交互式 Shell 中尝试一下，就像操作列表一样，你可以输入变量名（对象名）并按下回车键来查看元组具体的内容。因为输出的内容是用圆括号括起来的，所以这是一个元组（见图 4.20）。

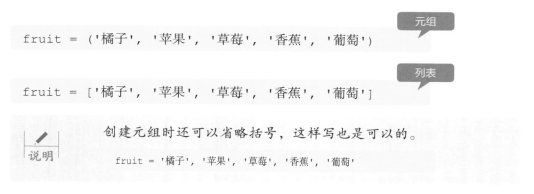

图4.20 在交互式Shell中使用元组。事实上它与列表的操作基本相同

要指定特定元素，可以指定元素的序列号。这也类似于列表（见图 4.21）。

>>> fruit = ('橘子','苹果','草莓','香蕉','葡萄')
>>> fruit
('橘子', '苹果', '草莓', '香蕉', '葡萄')
>>> fruit[0]
'橘子'
>>> fruit[2]
'草莓'
>>> fruit[1:3]
('苹果', '草莓')
>>>
显示序列号为0的元素
显示序列号为2的元素
显示序列号1到2的元素

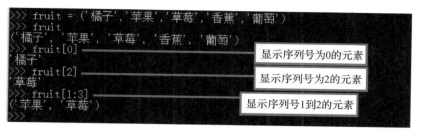

图4.21　元组也可以使用序列号来指定元素，方法与列表相同

但是，由于无法更改元组的数据，因此也无法更改由序列号指定的元素的值（见图 4.22）。

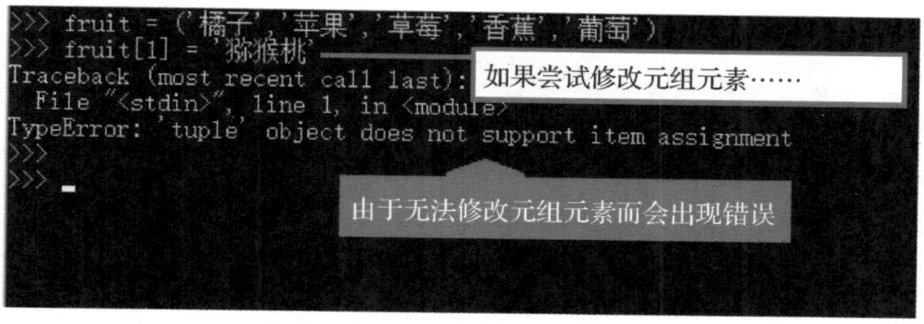

>>> fruit = ('橘子','苹果','草莓','香蕉','葡萄')
>>> fruit[1] = '猕猴桃'
Traceback (most recent call last):
File "<stdin>", line 1, in <module>
TypeError: 'tuple' object does not support item assignment
>>>
>>>
如果尝试修改元组元素……
由于无法修改元组元素而会出现错误

图4.22　尝试修改元组元素会出现错误

□字典

“字典”也是可以保存多个数据的典型对象。字典的特征是其中的元素都是由“键（key）”和“值（value）”组成的（见图 4.23）。

要创建字典，则需要用“键 : 值”对来表示元素，元素之间用逗号分隔，最后将所有元素都括在一对大括号中。例如，要创建一个名为“fruit_color”的字典，则可以这样写。

对象名
fruit_color
字典
值（value）
Orange
元素
橘子
键（key）
值（value）
Red
元素
苹果
键（key）
值（value）
Yellow
要素
键（key）
香蕉

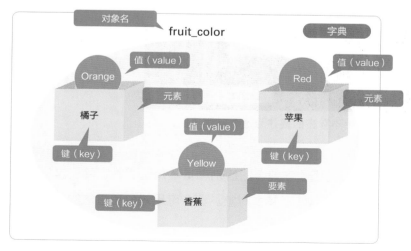

图4.23　字典中包含了多个由键值对组成的元素

```
fruit_color = {'橘子': 'Orange', '香蕉': 'Yellow', '苹果': 'Red'}
```

大括号　　　　用"键:值"对来表示元素　　　　大括号

使用以这种方式创建的字典，需要用键来指定元素。对应的键要放在方括号中，就像列表或元组中的序列号一样。例如，要指定键为"苹果"的元素。

```
fruit_color['苹果']
```

注意，"苹果"是一个字符串，所以必须用"'"（单引号）引起来。让我们使用交互式 Shell 来体验一下查找字典的操作（见图 4.24）。

```
>>> fruit_color = {'橘子': 'Orange', '香蕉': 'Yellow', '苹果': 'Red'}
>>> fruit_color['苹果']
'Red'              显示键为"苹果"的值
>>>
                   创建一个名为"fruit_color"的字典
```

值是"Red"

图4.24　创建一个字典并查找字典元素的例子，元素由键来指定

可以按照与操作列表相同的方式更改元素的值。使用键指定元素，然后使用"="（赋值运算符）重新赋值（见图 4.25）。

```
>>> fruit_color = {'橘子': 'Orange', '香蕉': 'Yellow', '苹果': 'Red'}
>>> fruit_color['苹果'] = 'Pink'          更改键为"苹果"的值
>>> fruit_color['苹果']
'Pink'                                    显示键为"苹果"的值
>>>
>>>
      值已更改为"Pink"
```

图4.25　将键为"苹果"的值更改为"Pink"

另外，如果指定了一个字典中不存在的键并为这个键赋了值，那么它将被添加为字典中的新元素（见图 4.26）。

```
>>> fruit_color = {'橘子': 'Orange', '香蕉': 'Yellow', '苹果': 'Red'}
>>> fruit_color['草莓'] = 'Red'          一个新的键并赋了值
>>> fruit_color
{'橘子': 'Orange', '香蕉': 'Yellow', '苹果': 'Red', '草莓': 'Red'}
>>>
                                         新元素已添加到字典中
```

图4.26　如果指定了一个字典中不存在的键并为这个键赋了值，那么它将作为新元素添加到字典中

你了解三种对象（列表、元组和字典）的区别和基本用法了吗？除了这三个对象之外，还有许多其他对象也可以处理多个对象。更多可用对象和方法的信息请查看 Python 官方的文档。

Python超入门（全彩）：从基础入门到人工智能应用

第5章

如何定义和使用函数

── 本章的知识点 ──

- 定义和使用"函数"
- 如何将数据传递给函数
- 变量的有效范围
- 局部变量和全局变量

5.1 什么是函数

在之前的章节中，我们已经使用了诸如 print 和 input 这样的"函数"作为指令。而目前，我只是说明了如何使用它们，但是函数是什么呢？本章我们就来详细地介绍一下函数。

□编程中的函数

一般函数是指一个数值随着另一个变量的变化而变化的解析式。我们在初中和高中的数学中都学过"一次函数"和"二次函数"。

而在编程中，函数并不是指解析式，而是一个"数据处理的单元"，调用函数的时候会通过"参数"接收数据，经过一系列处理之后，最后返回一个值（见图 5.1）。某些函数没有参数或返回值。

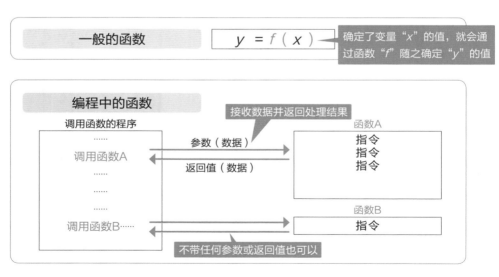

图5.1　一般的函数与编程中函数之间的差异。编程中的函数会通过参数接收数据，之后经过一系列处理之后，最后返回一个结果。不过，某些函数是没有参数或返回值的

到目前为止，我们编写的程序都是将所有的操作指令按照顺序放在一个位置实现的。不过，如果你在一个位置编写了大量的代码，那么整个程序看起来会比较麻烦，并且这样的程序也"难以阅读""难以重用"且"难以维护"。

因此，人们通常会把一段非常长的程序按实现的功能和作用划分成较小的单元。函数对于创建这样较小的单元非常有用。函数具体的指令不在要使用指令的地方，而原本要使用指令的地方只需调用函数就能执行相应的指令（见图 5.2）。

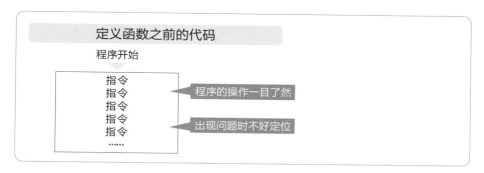

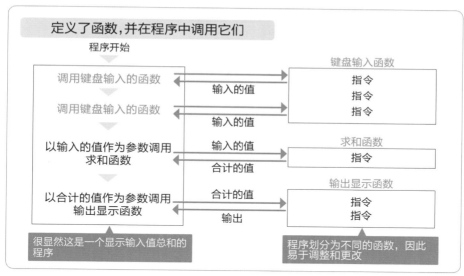

图5.2　通过将程序划分为不同的函数，可以更容易地理解程序的整体结构，同时，更易于调整和更改

这样，整个程序的结构将更易于理解，并且程序不易出错，更易于维护。例如，如果你想将计算输入值总和的程序修改为计算输入值平均值的程序，那么只需要更改"求和函数"即可。而如果你想调整输出显示的形式，那么只需要更改输出显示函数。

编程中，函数是包含了0个或更多指令的处理单元。针对不同的编程语言，函数可能还会被称为"子程序""功能过程""方法"等。

□函数的定义

之前章节中使用的 print 函数所实现的功能是"在界面中显示数值"，input 函数所实现的功能是"接收键盘输入并返回输入的值"。这些都是 Python 定义好的函数，称为"内置函数"。在很多编程语言中，常用的函数和过程都是作为内置函数提供的，你只需输入函数名称即可使用它们。

除了这些内置函数之外，你还可以在程序中自己"定义"一个原始的函数。要创建函数，我们需要使用以下的格式。

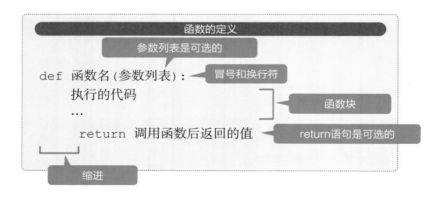

定义函数需要使用关键字"def"。这是"define（定义）"的缩写。接着至少要有函数名和包含参数列表的括号。最后，如果没有返回值，则可以省略以"return"开头的 return 语句。

让我们试着编写一个"add"函数，该函数的功能是返回两个参数的和。首先，创建一个无参数、无返回值、不执行任何操作的函数，然后在这个基础上一点一点地添加代码。

第一步，在"Atom"这样的文本编辑器中输入以下代码，并将其另存为"add_1.py"。

这个 add 函数是一个没有任何操作的函数,不过这里输入了关键字"pass"。Python 的函数定义中需要在函数块中输入要执行的代码,如果什么也不写,就无法创建函数块。因此,需要编写代码"pass"以创建函数块。

创建"add_1.py"后,启动 Anaconda Prompt 并运行该程序(见图 5.3)。目前什么也不会发生,我们只是再次看到了提示符。如果暂时没有错误,则表示代码没问题(如果没有"pass",就会出现错误)。

图5.3 在Anaconda Prompt上运行"add_1.py"。由于没有编写处理代码,因此未显示任何内容

下面,让我们重写"pass"部分,利用 print 函数来显示一些内容。将以下代码另存为"add_2.py"。

add_2.py

```
def add():
    print('调用add函数')    ← 替换为print函数
```

现在,让我们运行"add_2.py"。不过运行之后依然什么都没有显示(见图5.4)。

图5.4 运行"add_2.py"的结果，依然什么都没有显示。这是因为函数定义之后是不会直接运行的

这是因为仅仅定义函数是不会直接运行的。要执行函数你需要"调用"它。

调用函数就要在要调用的位置写上函数名称和参数列表的括号。我们来实际操作一下，将下面的代码保存在名为"add_3.py"的文件中。

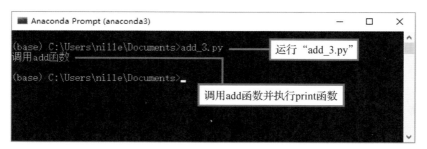

在"add_3.py"中，开头是 add 函数的定义，而之后调用了定义的 add 函数。当执行"add_3.py"时，这次就会调用 add 函数，并执行 add 函数中的 print 函数（见图 5.5）。

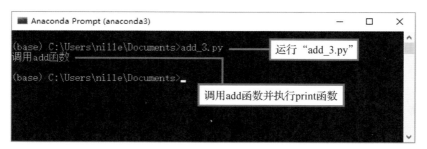

图5.5 执行"add_3.py"。这次调用了add函数，执行其中的print函数显示字符串

□函数中的处理

当调用函数时，就会执行函数内的代码。下面让我们编写代码在函数中实现一个加法操作并显示结果。

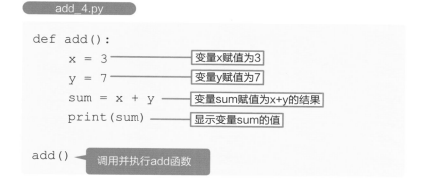

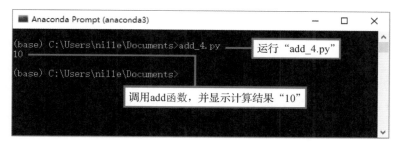

执行 "add_4.py" 之后,会显示结果 "10"(见图 5.6)。这说明我们可以通过描述函数要进行的操作来创建一个函数。而函数具体的操作则被隐藏起来了。

图5.6 执行 "add_4.py"。调用add函数计算,并显示结果

> 说明　在Python中,函数会被当作对象来处理。另外,对象中的函数通常被称为 "方法"。两者都是 "函数",在本书中,单独执行的被称为 "函数",而对象中的函数被称为 "方法"。

传递数据

在程序"add_4.py"中，由于数值是像"x = 3"和"y = 7"这样写在函数定义中的，因此只能"显示 3 和 7 的和"。如果是这样的话，那我们定义的函数就没有实际的意义了。为了让函数通用性更强，我们需要修改程序实现"显示从键盘输入的两个数字之和"的功能。

□将数据传递给函数

这个"显示从键盘输入的两个数字之和"的程序可以分为以下两个步骤。

首先，使用 input 函数从键盘输入数字，接着使用 int 函数将结果转换为整数。这样输入的整数会存储在变量"in_x"和"in_y"中。这两个变量名的意思就是"input 的 x"和"input 的 y"。

然后将这两个整数传递给 add 函数。如果要在调用函数的时候将数据传递给函数，那么就要在调用时将要传递的数据写在括号内。这个数据称为"实参"。

因此整个程序只需要先定义 add 函数，然后经过上面两个步骤即可完成。不过初学者很难想象"将数据传递给函数"的概念。因此首先让我们编写传递一个参数值的简单程序。

下一页的"add_5.py"是一个仅将变量"in_x"传递给 add 函数并显示它的程序。

add_5.py

③ 接收变量"in_x"的值作为变量"x"的值

```
def add(x):
    print(x)          add函数的定义
in_x = int(input('输入一个整数:'))
add(in_x)
```

① 将输入的数字转换为整数并将其赋值给变量"in_x"

② 调用add函数时通过变量"in_x"将数据传递给函数

在“add_5.py”中，开头就是 add 函数的定义。为了让 add 函数能够赋值，必须准备一个变量来接收参数列表中的数据。因此，def add(x): 中会把变量“x”放在参数列表中。这样用于接收数据的变量称为“形参”。

作为 add 函数的形参，变量“x”是 add 函数中的变量。另一方面，作为实参的变量“in_x”则是调用函数对应程序的变量（后面章节将详细解释函数中的变量和调用函数对应程序的变量之间的区别）。

启动 Anaconda Prompt，然后尝试执行“add_5.py”。系统将提示你输入一个数字，之后会将显示你输入的数字（见图 5.7）。

(base) C:\Users\nille\Documents>add_5.py
输入一个整数：5
5
(base) C:\Users\nille\Documents>
键盘输入
显示输入的值

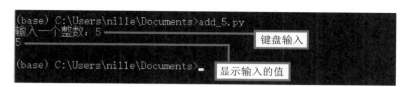

图5.7　启动Anaconda Prompt并运行“add_5.py”，则通过键盘输入的数字将原样显示出来

了解了将数据传递给函数的基本方法后，下面让我们将多个数据传递给 add 函数。为此，需要在定义 add 函数时添加多个用逗号分隔的形参。同时在从调用函数传递数据时，也要按照形参的顺序指定并传递数值（变量）。这种按顺序传递的参数叫作“位置参数”。

在“add_6.py”程序中，我们通过将 input 函数输入的两个变量“in_x”和“in_y”传递给 add 函数来计算并显示两个数的和（见图 5.8）。

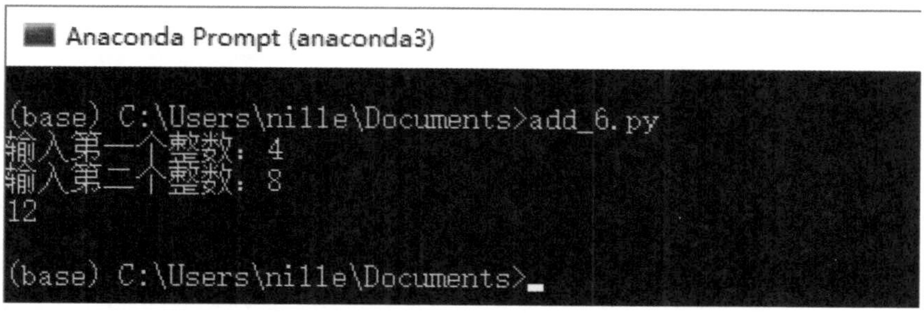

Anaconda Prompt (anaconda3)
(base) C:\Users\nille\Documents>add_6.py
输入第一个整数：4
输入第二个整数：8
12
(base) C:\Users\nille\Documents>

图5.8　启动Anaconda Prompt并运行“add_6.py”，最后会显示两个输入数字的和

```
add_6.py
```

```
def add(x, y):
    sum = x + y
    print(sum)


in_x = int(input('输入第一个整数:'))
in_y = int(input('输入第二个整数:'))
add(in_x, in_y)
```

③ 接收变量"in_x"的值作为变量"x"的值，接收变量"in_y"的值作为变量"y"的值

④ 显示变量"in_x"和"in_y"对应数值的和

① 将输入的数字转换为整数并将其赋值给变量"in_x"和变量"in_y"

② 调用add函数时通过变量"in_x"和"in_y"将数据传递给函数

以外，如果使用上一章中介绍的"列表"，那么只使用一个形参就能传递多个值。列表是一种可以保存和管理多个数据的对象。

使用列表完成一个与"add_6.py"相同功能的程序"add_7.py"。程序执行效果与图 5.8 相同。

```
add_7.py
```

```
def add(xy):
    sum = xy[0] + xy[1]
    print(sum)


list_xy = []
in_x = int(input('输入第一个整数:'))
list_xy.append(in_x)
in_y = int(input('输入第二个整数:'))
list_xy.append(in_y)
add(list_xy)
```

⑤ 接收列表"list_xy"的数据作为变量"xy"的值

⑥ 显示列表中的第一项和第二项数值的和

① 创建一个名为"list_xy"的空列表

② 将输入的整数追加到列表中

③ 将输入的整数追加到列表中

④ 调用add函数时通过列表"list_xy"数据传递给函数

在这个"add_7.py"中，定义的 add 函数中只有一个形参"xy"，同时最后调用函数的时候是通过列表"list_xy"将数据传递给函数的。在 add 函数中，接收到的列表元素被取出并参与了计算。与列表类似，在 Python 中，任何对象（例如"字典"或"函数"）都可以作为参数传递给函数。

□默认参数

函数会使用准备作为参数的变量来接收数据。如果调用函数时形参没有对应的实参，那么就会收到"TypeError"的错误提示。

不过，如果在多数情况下，你传递的参数都是相同的值，那么还可以为形参设置"默认参数"。这样，当你不传递实参时，函数就可以使用对应的"默认值"。

默认值的设置是在设定形参时使用赋值运算符来实现的。例如，如果定义add函数时有两个形参"x"和"y"，同时要将"y"的默认值设为"10"，则应这样写：

```
def add(x, y = 10):
```

下面的"add_8.py"是为add函数设置默认参数并使用默认值进行计算的示例。程序运行效果如图5.9所示。

add_8.py

```
def add(x, y = 10):
    sum = x + y          默认参数
    print(sum)

in_x = int(input('输入第一个整数:'))
add(in_x)      仅传递"x"，"y"使用默认值
```

```
Anaconda Prompt (anaconda3)

(base) C:\Users\ni11e\Documents>add_8.py
输入第一个整数: 7
17

(base) C:\Users\ni11e\Documents>
```

图5.9　如果设置了默认参数，则在参数中未传递任何值的情况下将使用该默认值。这里是将默认值"10"与输入的数值"7"进行相加

注意，默认参数不能放在未指定默认值的形参（普通的形参）之前。如果这样定义函数，则会收到"SyntaxError"的错误提示。

□关键字参数

除了按顺序传递参数外，还可以通过指定关键字（变量名）将数据传递给函数。这样的参数称为"关键字参数"或"名称参数"。

关键字参数是通过为变量赋值的方式来将实参传递给函数的。由于形参是由变量名指定的，因此参数的顺序无关紧要。它的优点是能够正确传递参数而无须考虑顺序。

下面的"add_9.py"是用关键字参数给 add 函数传递数据的示例。在 add 函数中我们添加了显示变量"x"和变量"y"所对应数值的代码，这样就可以确认关键字参数正确地传递了数值（见图 5.10）。str 函数是将数字转换为字符串的函数。为了与类似"x:"这样的字符串连接来显示数值，必须要将数值转换为字符串。

Python超入门（全彩）：从基础入门到人工智能应用

add_9.py

```
def add(x, y):
    print('x:' + str(x))        显示"x"和"y"的值以检查顺
    print('y:' + str(y))        序是否正确
    sum = x + y
    print(sum)

in_x = int(input('输入第一个整数:'))
in_y = int(input('输入第二个整数:'))
add(y = in_y, x = in_x)         使用关键字参数不用按照顺序传递参数
```

Anaconda Prompt (anaconda3)

```
(base) C:\Users\ni11e\Documents>add_9.py
输入第一个整数: 10
输入第二个整数: 4
x: 10
y: 4
14
```

图5.10　执行"add_9.py"的效果，参数的顺序颠倒了，但是使用关键字参数正确地传递了数值

100

□函数的返回值

这样，add 函数就可以接收各种数值作为参数。不过还有一个问题，那就是 add 函数计算的值无法被调用它的程序再次使用。到目前为止，所有程序都以在 add 函数中显示结果来结束。通过 add 函数得到的和不能用于进一步的计算。

所以本节我们就来让 add 函数把这个和返回给调用它的程序。函数中要返回一个值的话要使用"return 语句"，"return"在英语中的意思就是"返回"。

```
add_10.py

def add(x, y):
    return x + y          ② 返回"in_x"和"in_y"的和

in_x = int(input('输入第一个整数:'))     ③ 将add函数返回
in_y = int(input('输入第二个整数:'))       的和赋值给变量
                                          "sum"

sum = add(in_x, in_y)      ① 调用add函数

print(sum)                 ④ 显示和的值
print(sum * 10)            ⑤ 将和的值乘以
                             10并显示出来
```

在"add_10.py"中，add 函数只是进行了求和。而要将求和的结果返回给调用函数的位置，需要这样编写：

```
return x + y
```

变量"sum"会接收函数的返回值。通过这种方式将返回值分配给变量，你就可以自由地对数据进行其他处理，例如显示对应的值或是将其乘以 10（见图 5.11）。

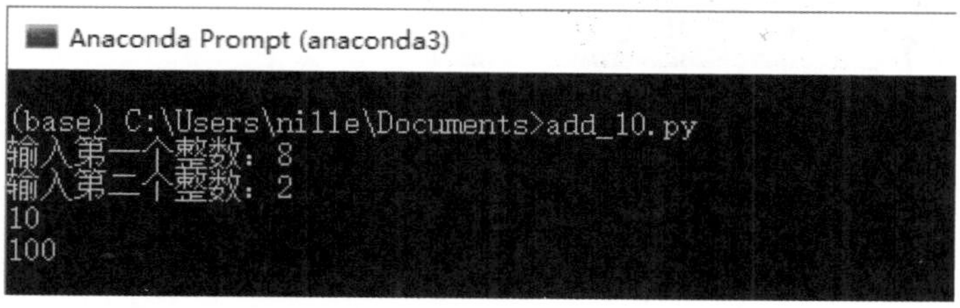

```
Anaconda Prompt (anaconda3)

(base) C:\Users\ni11e\Documents>add_10.py
输入第一个整数: 8
输入第二个整数: 2
10
100
```

图5.11　执行"add_10.py"的效果。显示了通过add函数获得的和以及将和乘以10的值

□ 多个返回值

在 Python 中，可以让一个函数返回多个值。例如，定义一个函数，该函数一次返回两个参数的"和"与"差"。为此，请在 return 语句中添加和与差，两者以逗号分隔。

```
return x + y, x - y
```

调用函数的时候可以写两个以逗号分隔的变量来接收这两个返回值。

```
out_x, out_y = add(in_x, in_y)
```

这里用逗号分隔变量，同时使用赋值运算符。这样就能接收两个返回值了。以下"add_11.py"是一个示例程序。add 函数返回的两个值"x + y"和"x-y"将分别放在"out_x"和"out_y"中。图 5.12 显示了程序执行结果。

add_11.py

```
def add(x, y):
    return x + y, x - y        返回多个值

in_x = int(input('输入第一个整数:'))
in_y = int(input('输入第二个整数:'))
out_x, out_y = add(in_x, in_y)

print('和:' + str(out_x))
print('差:' + str(out_y))
```

Anaconda Prompt (anaconda3)

```
(base) C:\Users\ni11e\Documents>add_11.py
输入第一个整数: 10
输入第二个整数: 7
和: 17
差: 3
```

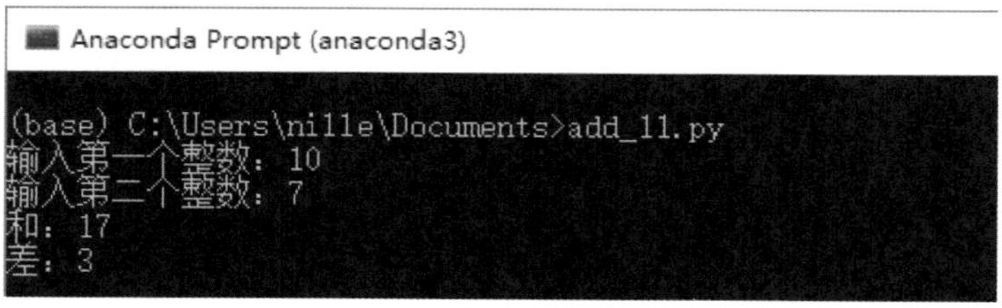

图5.12　执行"add_11.py"的效果。add函数一次返回"和"与"差"

另外，函数的返回值可以是一个列表。在以下的"add_12.py"中，在 add 函数中创建了一个名为"xy"的列表，之后 add 函数返回的就是这个列表，该列表有两个元素，分别是"和"与"差"。程序执行结果将与图 5.12 相似。

add_12.py

```
def add(x, y):
    xy = []
    xy.append(x + y)
    xy.append(x - y)
    return xy

in_x = int(input('输入第一个整数:'))
in_y = int(input('输入第二个整数:'))
list_xy = add(in_x, in_y)

print('和:' + str(list_xy[0]))
print('差:' + str(list_xy[1]))
```

创建列表"xy"并追加"x"和"y"的"和"与"差"

返回包含"和"与"差"的列表

列表元素（和）

列表元素（差）

扩展阅读

在Python中，还可以将函数作为参数传递给函数，而且返回值也可以是函数。让我们来看一下下面的代码。

func_test_1.py

```
def func1():
    print('执行func1')
def func2(f):
    print('执行func2')
    f()
def func3():
    print('执行func3')
    return func1

func2(func1)
temp = func3()
temp()
```

② func1函数被作为参数传递给函数

③ 调用传递过来的func1函数

⑤ 返回func1函数

① 使用func1函数作为参数调用func2

④ 调用func3函数

⑦ 调用func1函数

⑥ 将作为func3函数返回值的func1函数赋值给temp

这段代码定义了三个函数，"func1""func2"和"func3"。首先是调用func2函数，不过由于func1函数作为参数传递给了func2函数，因此func1函数在func2函数中会用"f()"调用。然后是调用func3函数，不过func3函数的返回值是func1函数。因此，代码是将func1函数赋值给了变量"temp"，最后由"temp()"调用的函数就是func1函数。执行结果如下。

```
Anaconda Prompt (anaconda3)

(base) C:\Users\ni11e\Documents>func_test.py
执行func2
执行func1
执行func3
执行func1
```

练习
Practice

Q 题目：创建用于计算BMI的值的函数

　　创建一个输入体重（kg）和身高（cm），自动计算肥胖指数（BMI）的程序。BMI可以通过"体重÷（身高×身高）"来计算，这里我们将这个程序分为名为"bmicalc"的函数和以下的程序。那么这个bmicalc函数应该如何编写呢？

func_bmi.py

bmicalc函数的定义

```
weight = float(input('体重(kg):'))
height = float(input('身高(cm):')) / 100
bmi = bmicalc(weight, height)
print(bmi)
```

A　　答：定义一个函数，就在关键字"def"之后加上函数名和参数列表，然后以"："（冒号）结束并开始新的一行。BMI使用体重和身高这两个数值来进行计算，因此需要两个形参。这里使用的是"w"和"h"。计算结果通过return语句加上一个计算表达式来返回。函数块（这里是return语句）需要缩进。bmicalc函数的定义如下：

```
def bmicalc(w, h):
    return w / (h**2)
```

执行程序后，计算BMI的过程如下所示。

```
Anaconda Prompt (anaconda3)

(base) C:\Users\nille\Documents>func_bmi.py
体重(kg)：72
身高(cm)：169
25.209201358495854
```

5.3 变量的有效范围（作用域）

在编程中，我们会使用"变量"来临时存储数据。使用变量时通常是给变量名赋一个值，这种"将第一个值赋给变量"的操作被称为"变量的初始化"。

例如，可以通过将 input 函数的返回值赋值给变量来使用由 input 函数输入的字符串。这个过程意味着该变量由 input 函数的返回值初始化。

> func_1.py

> 变量str的初始化

```
str = input('请输入你的名字:')
print(str + ',你好。')
```

这段代码中，首先使用 input 函数提示输入名字（以张三为例），然后将输入的名字赋值给名为"str"的变量。这就是变量"str"的初始化。通过这个值，之后的 print 函数就会显示字符串"张三，你好。"（见图 5.13）。

图5.13 启动Anaconda Prompt并执行"func_1.py"

那么，在函数定义内初始化变量和在函数定义外初始化变量，两者有什么不同呢？

实际上，当在函数内初始化变量时，该变量"仅在初始化的函数中可用"。换句话说，变量的有效范围仅在函数内。

变量的有效范围是指"可以使用该变量的区域"。这个有效范围有时称为"作用域"。变量的有效范围大致分为"局部范围"和"全局范围",我们来看一下两者之间的区别(见图5.14)。

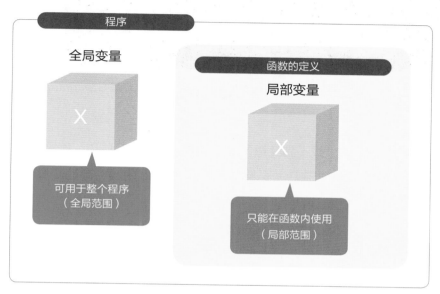

图5.14　变量的有效范围(作用域)根据变量初始化的位置而不同

□局部范围

首先来解释一下局部范围。在下面的"func_2.py"中,变量"x"在func函数的定义中初始化为3。之后,我在func函数的定义之外,尝试调用func函数,并通过print函数显示变量"x"。

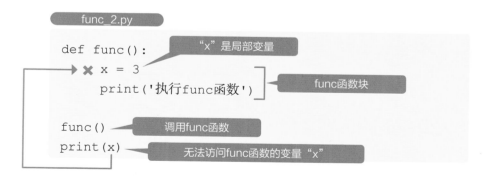

这段代码的执行结果如图5.15所示。由于显示了消息"执行func函数",因此确定执行了func函数,但是无法显示变量"x"的值。

图5.15 执行 "func_2.py" 的结果。func函数已执行，但是执行最后的print函数时找不到变量 "x"

"NameError" 是 "找不到变量 x"。调用 func 函数已成功，因此变量 "x" 已经初始化过了。但是，由于无法从函数外部引用 func 函数内部的变量 "x"，因此显示 "找不到变量" 的错误。

由此我们知道，在函数中初始化的变量的范围只是 "局部范围"，从函数外部是无法访问的。变量的范围仅在函数中，这样的变量称为 "局部范围变量" 或 "局部变量"。

□全局范围

接下来，我们在 func 函数外部初始化变量 "x"。下面的代码中，在定义 func 函数之前初始化了变量 "x"，之后在 func 函数的内部和外部使用了这个变量。

```
func_3.py

"x" 是全局变量

x = 10
def func():
    print('func函数内x : ' + str(x))          func函数块

func()                                        全局变量可以从函数内部
print('func函数外x : ' + str(x))              和外部引用
```

执行 "func_3.py"，可以看到变量 "x" 可以在函数内部和外部以相同的方式使用（见图 5.16）。

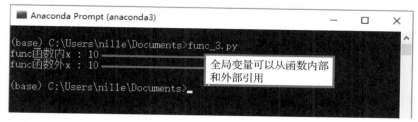

图5.16 执行"func_3.py"的结果。可以从func函数内部或外部引用在开头初始化的变量"x","x"的值为10

这种"在函数外部初始化的变量"称为"全局范围变量"或"全局变量"。

不过有一点要特别注意。在函数中使用全局变量时,只能引用变量的值。下面通过实际的操作来看一下修改变量的值会有什么样的结果。当执行下面的"func_4.py"时,结果如图 5.17 所示。

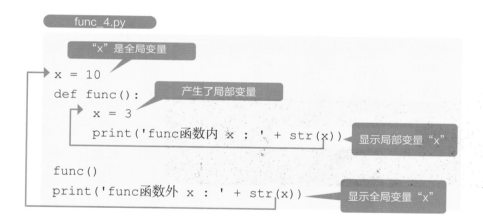

图5.17 执行"func_4.py"的效果。即使在func函数中将变量"x"赋值为3,全局变量"x"的值依然不会改变

在初始化全局变量"x"之后,在 func 函数中为变量"x"重新赋值不会导致错误。但是,这不会更改全局变量"x"的值。如果在函数中为全局变量赋值,则该变量将在此时作为局部变量重新创建。换句话说,就是创建了一个与全局变量同名

的局部变量。因此，即使写的是相同的变量"x"，print 函数显示的结果也会不同。

如果要使用全局变量而不是创建新的局部变量，那么就要在函数定义中使用关键字"global"声明变量，之后将其作为全局变量进行访问。"func_5.py"是一个示例，执行后的效果如图 5.18 所示。

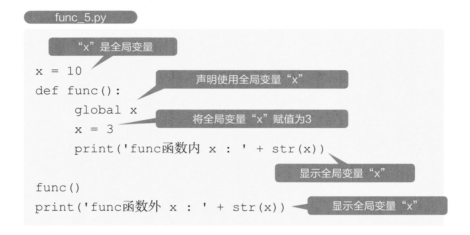

图5.18　执行"func_5.py"的效果。在func函数中赋值给变量"x"的值在函数外同样也改变了

扩展阅读

在Python中，你还可以在函数内定义函数。这样的函数称为"函数内的函数"或"函数嵌套"。在函数内函数的定义中，内部的函数称为"子函数"，外部的函数称为"父函数"。

注意，可以在父函数中调用子函数，但是不能从父函数外调用子函数。

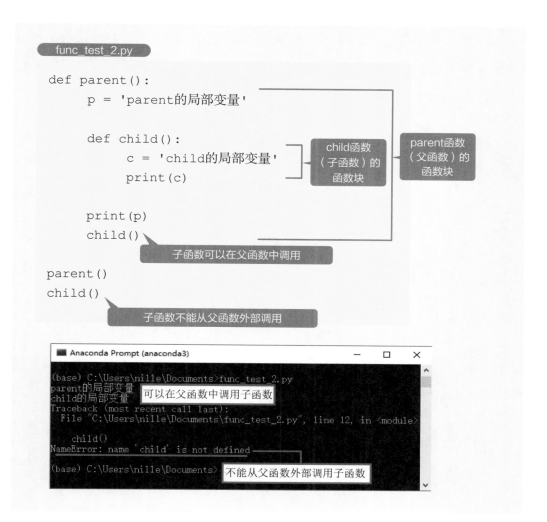

func_test_2.py

```
def parent():
    p = 'parent的局部变量'

    def child():
        c = 'child的局部变量'
        print(c)

    print(p)
    child()

parent()
child()
```

child函数（子函数）的函数块

parent函数（父函数）的函数块

子函数可以在父函数中调用

子函数不能从父函数外部调用

```
(base) C:\Users\nille\Documents>func_test_2.py
parent的局部变量
child的局部变量
Traceback (most recent call last):
  File "C:\Users\nille\Documents\func_test_2.py", line 12, in <module>
    child()
NameError: name 'child' is not defined

(base) C:\Users\nille\Documents>
```

可以在父函数中调用子函数

不能从父函数外部调用子函数

第6章

内置函数和模块

― 本章的知识点 ―

- 什么是"内置函数"
- format函数与format方法的使用
- 什么是"模块"
- 日期和时间模块的使用

6.1 内置函数

上一章中，我们学习了如何定义和使用函数,前面也介绍过,Python 中有一些"内置函数"，这些函数是预先定义好的，可以直接使用。另外，还可以"使用导入模块中的函数"。在本章中，我们会先介绍内置函数，然后介绍模块，最后说明如何操作模块中的函数（对象）。

□什么是内置函数

Python 中有许多内置函数，你可以直接使用它们，而无须自己定义。例如，第 1 章中使用的 print 函数是最典型的内置函数之一。内置函数的类型根据 Python 版本的不同而略有不同。在 Python 3.7 中，可以使用以下内置函数（见表 6.1）。函数太多了。在这里，我们将详细地介绍"format 函数"和"range 函数"以及它们的用法。

表6.1　Python 3.7版中可用的内置函数表

函数名	功能
abs()	返回参数的绝对值
all()	如果iterable对象的所有元素都为真（或为空）则返回True
any()	如果iterable对象的任何元素为真，则返回True；如果为空，则返回False
ascii()	返回对象可打印的字符串
bin()	将整数转换为二进制字符串
bool()	返回参数的布尔值
breakpoint()	调试器的断点
bytearray()	返回参数的字节数组
bytes()	返回参数的bytes对象
callable()	如果参数是可调用对象，返回True；否则，返回False
chr()	返回以Unicode字符表示的字符串

函数名	功能
classmethod()	用来指定一个方法为类的方法
compile()	将参数编译为AST对象
complex()	将字符串或数字转换为复数
delattr()	删除指定的属性
dict()	创建一个新字典
dir()	返回对象的属性列表
divmod()	返回整数除法的商和余数
enumerate()	获取列表（数组）的元素和序列号
eval()	将字符串作为表达式并返回表达式的值
exec()	执行语句
filter()	仅提取满足参数条件的元素
float()	从数字或字符串生成浮点数
format()	将参数转换格式表示
frozenset()	返回一个新的frozenset对象
getattr()	返回对象的属性值
globals()	以字典形式返回当前的全局变量
hasattr()	如果参数是对象的属性名，则返回True，否则返回False
hash()	返回对象的哈希值
help()	启动帮助系统
hex()	用十六进制表示参数
id()	返回对象的ID
input()	从键盘输入中读取一行，将其转换为字符串并返回
int()	将数字或字符串转换为整数对象
isinstance()	如果参数是指定类型的实例或子类则返回True，否则返回False
issubclass()	如果参数是指定类型的子类则返回True，否则返回False
iter()	返回参数的iterable对象
len()	返回对象中元素的数量
list()	生成一个列表
locals()	返回当前作用域内的局部变量和其值组成的字典
map()	返回适用于所有元素的迭代器
max()	返回两个或多个参数中的最大的元素
memoryview()	根据传入的参数创建一个新的内存查看对象

函数名	功能
min()	返回两个或多个参数中的最小的元素
next()	获取下一个元素
object()	返回一个新对象
oct()	将整数转换为八进制字符串
open()	打开文件并返回文件对象
ord()	返回Unicode字符对应的整数
pow()	返回参数的幂值
print()	将参数输出到标准输出
property()	返回属性
range()	生成一个数字对象序列
repr()	返回对象的字符串
reversed()	反转序列生产新的可迭代对象
round()	返回四舍五入的小数
set()	返回一个新的set对象
setattr()	将值与属性关联
slice()	返回一个slice对象
sorted()	返回一个新的已排序列表
staticmethod()	将方法转换为静态方法
str()	将数字转换为字符串对象
sum()	从左到右对元素求和
super()	将方法委托给父类
tuple()	根据传入的参数创建一个新的元组
type()	返回对象的类型
vars()	返回模块、类和实例的属性列表
zip()	创建一个收集对象元素的 iterator
__import__()	导入模块

第6章

内置函数和模块

说明　　　想进一步了解内置函数，请参考Python官方网站翻译后的文档资料。

□ format 函数

字符串显示的形式就是"format",或者称为"格式"。例如,货币显示的格式通常是每 3 位数插入一个逗号,例如"1,000"。再比如数字右对齐、标题字符居中。

format 函数是用于将字符串设置为某种格式并转换成字符串的函数。format 函数中指定的参数和返回值说明如下。

format(value, format_spec)	
参数	**说明**
value	转换前的值(例如字符串和数字)
format_spec	表示某种具体格式的字符串
返回值	格式化之后的字符串

format 函数的第 1 个参数指"转换前的值",第 2 个参数指"表示某种具体格式的字符串"。 具体格式的字符串包括以下内容(见表 6.2)。在将其作为参数时,由于它是一个字符串,因此要在其两端加上"'"(单引号)。

表6.2　format函数中表示某种具体格式的字符串表

具体格式的字符串	对应的格式说明
<	左对齐(大多数的默认值)
>	右对齐
^	居中
=	符号后填充(仅对数字类型有效)
+	正数前面显示+,负数前面显示-
-	仅为负数时显示-(默认)
空格	正数前面显示一个空格,负数前面显示-
,	使用逗号作为千位分隔符
_	对浮点数和整数使用下划线作为千位分隔符
s	字符串
b	二进制数
c	将整数转换为相应的Unicode字符
d	十进制数
o	八进制数
x	十六进制数(小写表示法)

具体格式的字符串	对应的格式说明
X	十六进制数（大写表示法）
e	使用 "e" 表示指数的表示法
E	使用 "E" 表示指数的表示法
f	数字定点表示（小写）。默认精度为6
F	数字定点表示（大写）。默认精度为6
%	将数字乘以 100 并显示为定点格式，后面带一个百分号

现在，我们使用 format 函数将数字转换为每 3 位数插入一个逗号的字符串。例如，要在数字 "100000000" 中插入逗号分隔符，请作如下输入：

```
format(100000000, ',')
```

启动并运行 Python 的交互式 Shell（见图 6.1）。

图6.1　在Python交互式Shell中执行format函数的示例

使用 format 函数可以轻松地将数字转换为二进制数字。将"b"作为第二个参数，作如下输入：

```
format(100000000, 'b')
```

这样就能将 "100000000" 转换为一个二进制数（见图 6.2）。

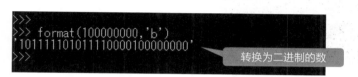

图6.2　通过format函数将十进制数转换为二进制数的示例

使用 format 函数还可以指定字符串的对齐方式，右对齐使用符号 ">"，中心对齐使用符号 "^"。这两种情况下，字符宽度均指符号的右侧。例如，"> 30" 表示 30 个字符宽度的右对齐，"^ 30"表示 30 个字符宽度的中心对齐。字符宽度是单字节字符的个数（见图 6.3）。

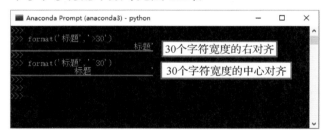

图6.3　使用format函数在30个半角字符宽度内实现右对齐和中心对齐的示例

□ format 方法

字符串对象都有作为对象函数的 format 函数。作为对象函数这里称为"format 方法"。

使用 format 方法时，字符串中对应位置的"{}"表示"要替换的字段"。然后，在 format 方法的参数中输入对应的内容，这个内容会变换格式后插入到大括号的位置。要指定格式，就在"："（冒号）之后指定上述表示具体格式的字符串。这里就是将"要替换的字段"写为"{: 表示具体格式的字符串}"。

首先，我们只替换字符串而不指定格式。将字符串"金额为○○日元"的"○○"部分替换为数字"100000000"，代码如下：

```
'金额为{}日元。'.format(100000000)
```

执行这句代码，效果如图 6.4 所示。数字"100000000"已被插入"{}"的位置。

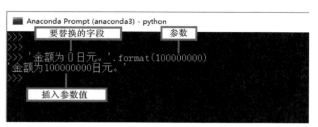

图6.4　使用format方法的示例。可以看到要替换的字段部分插入了数字

使用 format 方法指定格式，就将表示具体格式的字符串放在要替换的字段中。例如，将"，"放在"："之后，代码如下：

```
'金额为{:,}日元。'.format(100000000)
```

这样货币数字显示的格式就会每3位数插入一个逗号（见图6.5）。

图6.5　使用format方法指定格式的示例。可以用":"设定千位分隔符

接下来，如果要指定小数点之后的显示位数，就在":"之后输入"."（点）并输入一个数字指定显示的位数，最后输入格式字符串"f"或"F"。例如：

```
'显示小数点后两位{:.2f}'.format(1 / 3)
```

1除以3的结果是"0.3333333……"，这样写的话，显示小数点后两位的话结果就是"0.33"（见图6.6）。

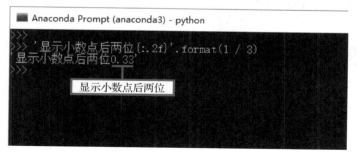

图6.6　使用格式字符串"f"指定显示小数点后两位

同样的，使用"%"指定"{:2.%}"，可以显示%小数点后两位。

这里要注意，format方法的舍入方法不是单纯的四舍五入，而是被称为"奇进偶舍"的形式[*]。

---

*　译者注：奇进偶舍，又称为四舍六入五成双规则。从统计学的角度，"奇进偶舍"比"四舍五入"更为精确。奇进偶舍的具体规则为：如果保留位数的后一位是4，则舍去。如果保留位数的后一位是6，则进上去。而如果保留位数的后一位是5的话，就要先再看5之后的一位，如果5的后面还有数，那就要进上去。而如果5后面没有数了，要再看5的前一位，如果前一位小于3则舍去，如果大于等于3则进上去。

此外，还可以指定字符串的位置。"{:> 30}"表示 30 个字符宽度的右对齐，而"{:^ 30}"表示 30 个字符宽度的中心对齐（见图 6.7）。

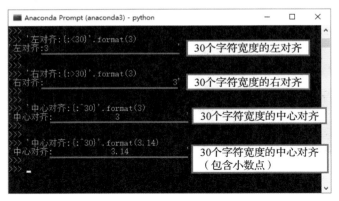

图6.7　用format方法指定字符串位置的示例

可以为 10 个字符宽度的其余部分填充另一个字符，还可以在符号 "+" "−" 之间填充 0。这种情况下，就在格式字符串的左侧写入填充字符（见图 6.8）。

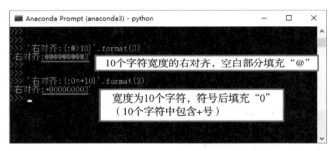

图6.8　指定字符串位置并用其他字符填充其余部分的示例

另外，format 方法可以具有多个参数，这些字符串的参数可以分别插入多个要替换的字段中。这种情况下，多个参数从左开始编号为 0、1、2……，因此要使用这个编号来指定要插入的位置。要替换的字段要写为 "{ 编号 }"或 "{ 编号 : 表示具体格式的字符串 }"。如果省略编号，则表示按参数的顺序替换（见图 6.9）。

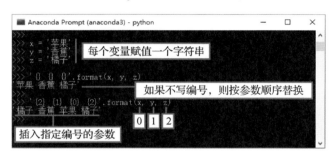

图6.9　使用参数编号指定插入位置的示例

□ range 函数

另一个内置函数的示例我们选择 range 函数。range 函数能够创建连续的数字对象，其参数及返回值如下。

range(start, stop[, step])	
参数	说明
start	起始值（如果未指定，则为0）
stop	结束值（不包含这个值）
step	数字间隔（如果省略，则为1）
返回值	格式化的字符串

例如，如果要创建"从 1 开始间隔为 1，递增到 4 的对象"，则代码为：

```
range(1, 5)
```

这里"起始值"为"1"，"结束值"为"5"。注意，第二个参数为"5"是因为对象中不包括"结束值"。数字间隔为 1 递增，所以可以省略。结果可以实际在交互式 Shell 中测试（见图 6.10）。

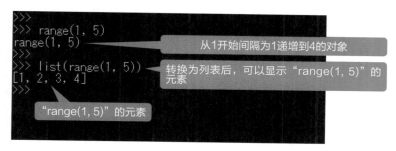

图6.10　在交互式Shell中运行range函数。可以使用list函数将对象转换为列表来显示元素

在提示符后面输入"range（1，5）"并按下回车键执行函数，则会显示"range（1，5）"。这不是指令，它的意思是"从 1 开始间隔为 1 递增到 4 的对象"。range 函数的执行会作为其创建的对象显示。如果要显示"range（1，5）"的元素，则需要使用 list 函数。

如果要使用 print 函数显示元素，则可以使用 for 语句按顺序提取元素并显示它们。将以下代码另存为"range_1.py"，然后在 Anaconda Prompt 中运行它。

range_1.py

将元素顺序赋值给变量i

```
for i in range(1, 5):
    print(i)
```

显示变量i的值

缩进以创建for语句的程序块

当执行“range_1.py”时，会按顺序显示对象中的元素（见图 6.11）。当然，对象中的元素是 1、2、3、4。

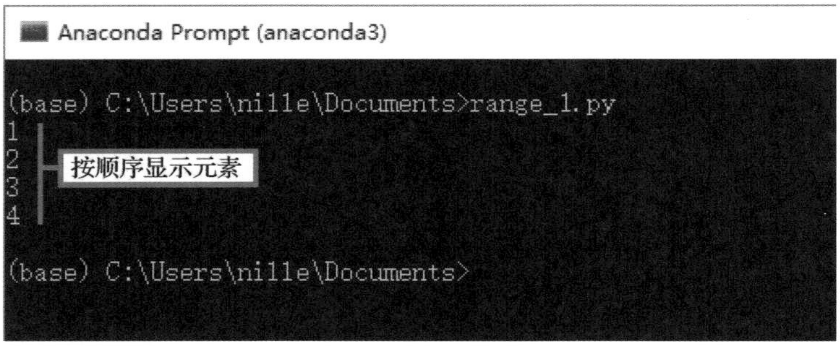

图6.11　执行“range_1.py”的效果。“range(1, 5)”的要素按顺序显示出来

接下来，我们使用 range 函数的第三个参数“数字间隔”来设定元素之间的增量。例如，如果要创建“从 10 开始间隔为 5 递增到 30 的对象”，则代码为：

```
range(10, 31, 5)
```

由于第二个参数“结束值”不包含在对象中，因此，如果将第二个参数设置为“30”，则“30”将不包含在对象中。所以注意这里加 1 将其设为了“31”以包括“30”。

依然使用 for 语句进行确认。结果如图 6.12 所示。

range_2.py

```
for i in range(10, 31, 5):
    print(i)
```

从10开始间隔为5递增到30的对象

图6.12 执行"range_2.py"的效果。从10开始间隔为5递增到30的值依次显示出来

Q 题目：显示相对上一阶段的比例，小数点后保留1位

输入上一个阶段和本阶段的成果，计算本阶段与上一阶段的百分比，显示为"相对上一阶段的比例为百分比"。这里最多显示小数点后1位。

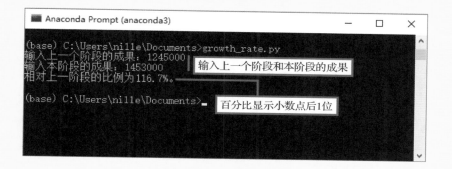

A 答：获取上一个阶段和本阶段的成果可以使用input函数输入，这个我们已经反复练习过了。这个题目的关键是如何使用format方法显示本阶段成果和上一个阶段成果的比例。这个题目中实际上就是在字符串"与上一阶段的比例为"和"。"之间设定要替换的字段"{:.1%}"，这样最后的显示就会按照参数的设定只显示小数点后1位。

growth_rate.py

```
prev = float(input('输入上一个阶段的成果：'))
this = float(input('输入本阶段的成果：'))
growth = this / prev
print('相对上一阶段的比例为{:.1%}。'.
format(growth))
```

123

6.2 什么是模块

本章开头介绍了在 Python 中可以直接使用的函数，包括一些预先定义好的"内置函数"和"导入模块中的函数"。现在我们就来说说"模块"。

模块是多个函数（对象）的集合，可以重复使用。Python 中有许多模块，比如通过安装即可使用的模块、"Anaconda"软件包附带的模块以及在网络上通过网站下载以供使用的模块。

□模块的使用方法

先来试试 Python 本身准备好的模块吧。例如，标配的"calendar"模块，可以通过这个模块来体验一下模块的基本操作。

首先，在"Atom"这样的文本编辑器中输入以下代码。文件保存为"calendar 1.py"的文件。

calendar_1.py

```
import calendar                    ─── 导入"calendar"模块
print(calendar.month(2020, 6))     ─── 显示2020年6月的日历
        模块名    函数名    2020年6月
```

文件保存后，启动 Anaconda Prompt 执行。输入"python calendar_1.py"后按下回车键，就会显示 2020 年 6 月的日历（见图 6.13）。

图6.13　启动Anaconda Prompt 执行"calendar_1.py"，将显示 2020年6月的日历

在"calendar_1.py"中，最开始使用了关键字"import"，通过代码

```
import calendar
```
模块名

导入了 calendar 模块。这样就可以使用 calendar 对象了。这就是说要想使用模块，首先需要写一句"import 语句"。

> 用于使用模块的import语句
>
> **import 模块名**

之后，使用 month 函数获取了 6 月的日历，并通过 print 函数显示了出来。在使用 month 函数时，要在模块名后添加"."（点）来描述函数名，这样就可以知道这个函数是属于 calendar 模块的。

> 执行模块中包含的函数
>
> **模块名.函数名()**

month 函数的参数只指定了年和月（还可以指定显示的间隔）。这样，仅使用两行程序就显示了日历。

模块将函数或对象保存在内部。之后，模块中的函数和对象可以通过导入，在程序中使用。

□定义模块

某些模块是预先定义好的，例如"calendar"模块，不过我们也可以自己定义模块。只需要将创建的函数保存在模块中，然后在需要时将其导入即可。

目前为止编写的 Python 程序，都是在编辑器中输入了代码，然后保存为扩展名是".py"的文件。实际上，你可以使用相同的方法创建模块文件。

让我们先来创建一个仅包含简单函数的模块。输入以下代码，并将其保存在适当的文件夹中。文件名为"my_module.py"。

my_module.py

```
# coding: utf-8          文件的字符编码

def add(x, y):
    return x + y         原始的add函数（加法运算）
def multi(x, y):
    return x * y         原始的multi函数（乘法运算）
```

> **说明**　第一行的"# coding: utf-8"被称为"魔术注释"，它指示了文件的字符编码。在Python 3中，默认的字符编码为UTF-8，因此这一行并非总是必需的，不过我们可以将其视为一个说明。

然后，创建一个新的程序文件并导入这个模块。新的文件要与"my_module.py"保存在同一个目录下，文件名为"module_test_1.py"。

module_test_1.py

```
import my_module          导入"my_module"模块

in_x = int(input('输入第一个整数:'))
in_y = int(input('输入第二个整数:'))
                          将键盘输入的数字转换为
                          整数，赋值给变量"in_
                          x"和变量"in_y"

print(my_module.add(in_x, in_y))      执行add函数并显示
print(my_module.multi(in_x, in_y))    执行multi函数并显示
```

文件保存后，用 Anaconda Prompt 执行。通过键盘输入两个数字之后，会依次显示两个数字相加的结果和相乘的结果（见图 6.14）。

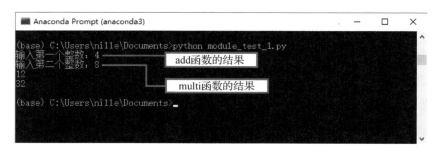

图6.14　执行"module_test_1.py"的效果。通过键盘输入两个数字之后，会依次显示两个数字相加的结果和相乘的结果。其中使用了"my_module.py"中定义的函数

就像这样，在使用之前导入模块，就可以使用模块中的函数或对象了。

说明　　　　一般模块文件要保存在与要执行的程序文件相同的文件夹中。如果在要执行的程序文件所在的文件夹中找不到模块文件，则会发生错误。

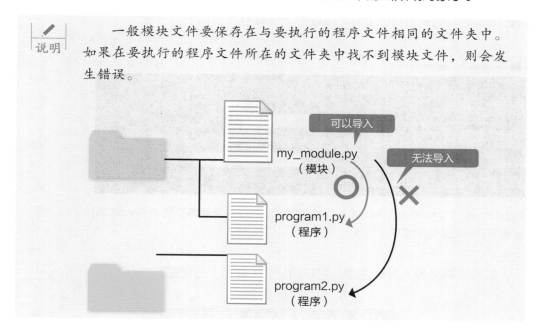

□从模块单独导入函数

一个模块包含了多个函数，如果想导入模块中的个别的函数。可以这样写

导入个别的函数

from 模块名 import 函数名

如果指定函数名来导入，那么就可以直接通过写函数名来调用它，而无须添加模块名和点（如"模块名 . 函数名"）。

试着导入刚才"my_module.py"中的 add 函数。依然还是在"module.py"的文件夹下，将下面的代码保存为"module_test_2.py"。

module_test_2.py

```
from my_module import add            只导入"my_module"模块的add函数

in_x = int(input('输入第一个整数:'))
in_y = int(input('输入第二个整数:'))

print(add(in_x, in_y))              执行add函数并显示（不需要模块名）
print(multi(in_x, in_y))            执行multi函数并显示（出错）
```

执行"module_test_2.py"后，导入的 add 函数被执行了（见图 6.15）。而试图以相同格式执行的 multi 函数由于没有导入出错了。

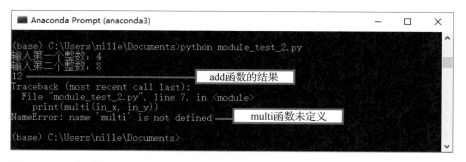

图6.15　执行"module_test_2.py"的效果。add函数被调用，而调用multi函数出现了"未定义"的错误

如果想同时导入多个函数，可以用"，"（逗号）分隔指定的函数。

导入"my_module"的add函数和multi函数

```
from my_module import add, multi
```

用逗号分隔

说明

对于Python模块来说，可以使用"点模块名称"来创建具有分层结构的大型模块，例如"子模块"或"子子模块"。这样的结构化模块称为"包"。

练习
Practice

Q　题目：定义并使用计算BMI的模块

我定义了一个名为"bmi_module.py"的模块，该模块中有一个bmicalc函数。现在让我们创建一个程序，这个程序会从这个模块中调用bmicalc函数，根据从键盘输入的体重和身高计算BMI，并最多显示2位小数。

bmi_module.py

```
# coding: utf-8
def bmicalc(w, h):
    return w / (h**2)
```

A 答：首先，使用import语句导入模块。模块名为"bmi_module"。这里导入的时候还指定了函数名。然后使用input函数输入了体重和身高并将其赋值给变量"weight"和"height"，接着将这两个变量指定为参数调用bmicalc函数。将函数的返回值放在变量"bmi"中。最后利用格式字符串，如"{:.2f}"，通过format方法最多显示两位小数。

module_test_3

```python
from bmi_module import bmicalc
weight = float(input('体重(kg):'))
height = float(input('身高(cm):')) / 100
bmi = bmicalc(weight, height)
print('BMI:{:.2f}'.format(bmi))
```

6.3 模块的使用

在介绍更多使用模块的示例之前，我们先来讲讲"面向对象"的概念。

Python 被称为"面向对象的语言"。经常有人问我："怎么简单地理解面向对象"，老实说，要让每个人都理解真的很难。如果一定要给一个简单的描述的话，我觉得可以这样解释：

"面向对象是一种通过对象之间的相互作用来设计系统（应用）的概念"（见图6.16）。

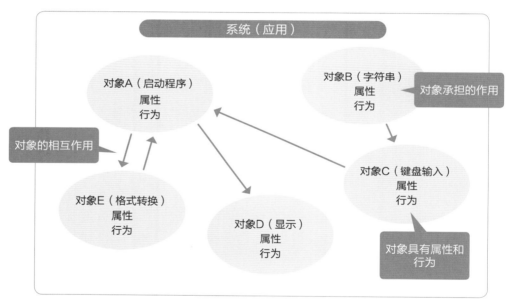

图6.16 面向对象的示意图。具有属性和行为的多个对象承担的作用以及相互作用

这里的"对象"是指"具有作用、功能和数据的一组程序"。换句话说，"面向对象的语言"是"可以通过组合不同的称为对象的程序来编程的语言"。

到目前为止出现的变量、文字、运算符、函数等都是 Python 对象。最开始出现的"数据类型"实际上也是一种对象。这里代表"类型"的对象由"类"定义。

□什么是类

类就像对象的设计图,由构造函数、方法、属性等定义组成(见图6.17)。

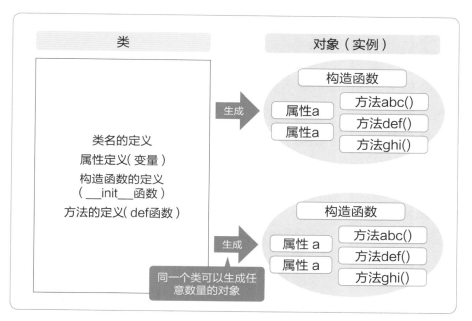

图6.17　类定义的示意图

下表是由类生成对象的要素及其使用方法(见表6.3)。

表6.3　生成对象的要素及其使用方法

名称	说明	一般的使用方法
构造函数	生成对象时调用或自动调用的函数。返回值是生成的对象	obj=构造函数名（参数列表）
方法	与对象关联的函数。一般函数定义在类定义中完成	对象名.方法名（参数列表）
属性	与对象关联的变量	对象名.属性名

　　本书中虽然没有对面向对象进行更深入的介绍,不过在模块的内容中会出现很多与类相关的用语。所以以上的内容需要大家有一个了解。

说明　这里只是介绍了基本要素。实际在类定义中，有超类、子类、类的方法、类的属性、属性等各种各样的要素。

说明　在Python中，对象内的构造函数、方法、变量等"对象所包含的内容"全部称为"对象的属性"。注意，这与面向对象的"属性"意思不同。

□ datetime 模块

在 Python 中可以使用的模块很多。这里通过一个"处理日期对象"的模块"datetime"来练习一下对象操作。

datetime 模块由多个对象组成，包括处理日期的"date 对象"、处理时间的"time 对象"、计算日期差的"timedelta 对象"等。

● date 对象

date 对象是处理年、月、日的对象。具有以下属性、构造函数、方法（见图6.18）。

名称	类型	说明
year、month、day	属性	对象保存的年、月、日的值。year是1～9999的值。month是1～12的值。day是1～当月最后一天的值
date(year, month, day)	构造函数	将表示年、月、日的整数作为参数，生成date对象
today()	方法	返回当前本地日期的date对象
strftime(format)	方法	如果在format中指定格式字符串，则返回根据具体格式表示的日期字符串
weekday()	方法	将星期一作为0，星期日作为6，返回代表星期的整数

图6.18　**构成date对象的要素**

让我们获取一个 date 对象并检查上表中的方法。年、月、日的值保存在 date 对象的 year 属性、month 属性、day 属性中。试试下面的"datetime_1.py"。

```
from datetime import date ——— 导入datetime模块的date对象

week = ['一', '二', '三', '四', '五', '六', '日']
                                在列表"week"中准备显示星期几用的文字

sample_today = date.today() ——— 用today方法获取"今天"的date对象

print('{}年'.format(sample_today.year))
print('{}月'.format(sample_today.month))    分别显示"今天"
print('{}日'.format(sample_today.day))       的年、月、日

print(sample_today.strftime('%Y/%m/%d'))
                            用strftime方法指定格式来显示"今天"的日期

print('今天是星期{}'.format(week[sample_today.
weekday()]))

        用weekday方法查一下今天是星期几，然后从列表"week"中获取对应的文字来显示
```

　　程序执行后结果如图 6.19 所示。这里使用 format 方法将字符串与通过 date 对象的各种方法获得的值串在一起显示。

```
■ Anaconda Prompt (anaconda3)

(base) C:\Users\ni11e\Documents>python datetime_1.py
2020年
6月
30日
2020/06/30
今天是星期二

(base) C:\Users\ni11e\Documents>
```

图6.19　启动Anaconda Prompt执行"datetime_1.py"的结果。获取当天的日期信息并显示

● time 对象

time 对象是处理时间的对象。具有以下属性、构造函数、方法见表 6.4。

表6.4　构成time对象的要素

名称	类型	说明
hour、minute、second、microsecond、tzinfo	属性	对象保存的时、分、秒、微秒、时区的值。范围如下 0 <= hour < 24 0 <= minute < 60 0 <= second < 60 0 <= microsecond < 1000000
time(hour=0, minute=0, second=0, microsecond=0, tzinfo=None)	构造函数	将时、分、秒作为参数，生成time对象。也可以设定微秒和时区
strftime(format)	方法	如果在format中指定格式字符串，则返回根据具体格式表示的时间字符串

利用 time 的构造函数，试着生成一个时间为 7 时 30 分 45 秒的 time 对象。保存以下的代码并执行。

datetime_2.py

```
from datetime import time          导入datetime模块的time对象

sample_time = time(7, 30, 45)      用构造函数生成一个时间为7时30分45
                                   秒的time对象

print('{}时{}分{}秒'.format(
    sample_time.hour,              显示时、分、秒
    sample_time.minute,
    sample_time.second))
                                   指定显示的格式
print(sample_time.strftime('%H:%M:%S'))
```

时间的数据保存在各个属性当中。这里使用 strftime 方法指定了时间显示的格式，然后作为字符串输出显示了出来（见图 6.20）。

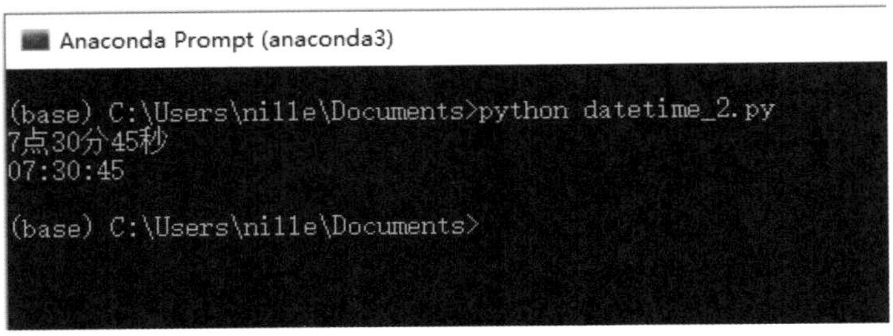

```
Anaconda Prompt (anaconda3)

(base) C:\Users\ni11e\Documents>python datetime_2.py
7点30分45秒
07:30:45

(base) C:\Users\ni11e\Documents>
```

图6.20　执行"datetime_2.py"的结果。生成了时间为7时30分45秒的time对象，同时显示了时间信息

Python超入门（全彩）：从基础入门到人工智能应用

说明

在Python中，如果一行代码太长，可以在行尾输入反斜线符号（\），这样则视作代码在下一行继续。另外，在{ }、( )、[ ]中逗号（,）划分的部分，即使没有反斜杠也表示下一行继续。"datetime_2.py"中的以下部分就是这样。这段代码相当于同一行的一个命令。

```
print('{}时{}分{}秒'.format(
        sample_time.hour,
        sample_time.minute,
        sample_time.second))
```

● timedelta 对象

timedelta 对象是计算两个 date、time、datetime 对象之间的时间差的对象。构造函数如下（见表 6.5）。

表6.5　构成timedelta对象的构造函数

名称	类型	说明
timedelta(days=0, seconds=0, microseconds=0, milliseconds=0, minutes=0, hours=0, weeks=0)	构造函数	生成表示指定"经过时间"的timedelta对象。参数为经过时间的日、秒、微秒、毫秒、分、时、周。可以省略所有参数，参数默认值为0。参数可以是整数，也可以是浮点数。正负均可计算

例如，要查一下 2020 年 5 月 1 日的 200 天后是什么日期。可以首先使用 date 对象的构造函数生成一个日期为 2020 年 5 月 1 日的 date 对象。然后生成一个 200 天的 timedelta 对象并加到之前的 date 对象上。下面的"datetime_3.py"是示例具体的代码。

不过，如果想查一下 2020 年 5 月 1 日到 2021 年 1 月 1 日的天数，为了生成 timedelta 对象，只需要简单地用日期为 2021 年 1 月 1 日的 date 对象减去日期为 2020 年 5 月 1 日的 date 对象即可。在"datetime_3.py"的最后，我们通过减法运算计算了 date 对象之间相差的天数（见图 6.21）。

```
from datetime import date ──── 导入datetime模块的date对象
from datetime import timedelta ──── 导入datetime模块的timedelta对象

sample_date = date(2020,5,1) ──── 生成日期为2020年5月1日的date对象
sample_timedelta = timedelta(days = 200)
                              ──── 生成一个200天的timedelta对象

later = sample_date + sample_timedelta ──── 2020年5月1日后加200天
print('2020年5月1日的200天后是{}年{}月{}日'
      .format(later.year, later.month, later.day))
                              ──── 显示200天后的日期

new_year = date(2021, 1, 1) ──── 生成日期为2021年1月1日的date对象
diff = new_year - sample_date ──── 2021年1月1日减2020年5月1日
print('2020年5月1日到2021年1月1日有{}天'
      .format(diff.days))     ──── 显示相差的天数
```

```
■ Anaconda Prompt (anaconda3)

(base) C:\Users\nille\Documents>python datetime_3.py
2020年5月1日的200天后是2020年11月17日
2020年5月1日到2021年1月1日有245天

(base) C:\Users\nille\Documents>_
```

图6.21　　"datetime_3.py"的执行结果

扩展阅读

　　为什么要使用"模块"这种形式呢？Python本身有"内置函数"，从某种程度上来说可以只使用内置函数进行编程。

　　不过，如果真正开始编程的话，经常会出现只使用内置函数功能不够的情况。比如你想创建一个使用日期的程序，就会发现内置函数中没有获取日期的函数。

　　因此，之前的Python程序员对能够从系统获取日期信息的C语言函数进行了修改，使得Python也能够使用。这些Python外部的函数称为"外部函数"，而多个外部函数的汇总称为"外部函数库"或"库"。

库中包含了很多易用的函数，如果将这些函数全部包含在"Python的内置函数"中，则Python自身就会过大。而且，并不是所有的程序员都需要库中所有的函数。

所以，只需要以"模块（包）"的标准化形式来分配库，这样导入必要的内容就可以了。

练习 Practice

Q 题目：距离目标日期还有几天？

在工作结束的预定日期或是活动开始的日期等情况下，我们可能需要计算一下某个日期之前还剩下多少天。请创建一个程序，当我们输入年、月、日数字的整数后，会显示"还剩下多少天。"

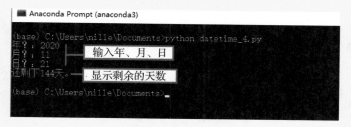

A 答：首先，使用import语句导入datetime模块的date对象。然后通过input函数输入年、月、日，根据输入的值生成目标日的date对象。接着用today方法取今天的日期，用目标日期减去今天的日期，就能知道剩下的天数。最后使用timedelta对象的days方法从date对象的时间差中获得天数。

datetime_4.py

```
from datetime import date
y = int(input('年? :'))
m = int(input('月? :'))
d = int(input('日? :'))
target_date = date(y, m, d)
today_date = date.today()
remaining = target_date - today_date
print('还剩下{}天。'.format(remaining.days))
```

137

第7章

网络爬虫

7.1 Web技术（HTML、CSS、JavaScript）
7.2 从网络下载HTML
7.3 获取特定的数据

── **本章的知识点** ──

● 网页显示的机制
● Web脚本的基本知识
● 在"正则表达式"中查找字符串
● 获取图书价格的方法

7.1 Web技术（HTML、CSS、JavaScript）

通过之前的内容，我们应该已经掌握了 Python 编程的基础。因此，从第 7 章开始，将会通过编程尝试一些实践的挑战。本章将介绍"网络爬虫"的内容。

所谓网络爬虫，简单地说就是"从 Web 网页上自动获取信息的程序"。当然，我们想要的信息全都显示在 Web 浏览器上，通过手动复制的话也随时可以获取。不过，如果网站的信息每天都在更新，或是需要在多个网站上来回地获取信息，那么一个一个地手工复制就不如用程序自动化处理更省事。

这次完成的网络爬虫的例子，是从"京东"的网页中检索一本图书价格的程序（见图 7.1）。

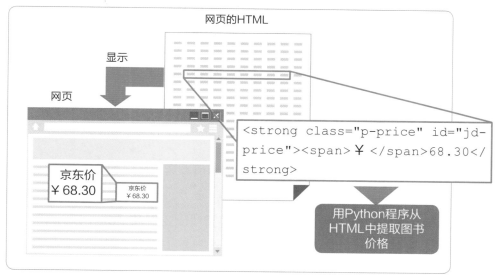

图7.1 "网络爬虫"的示意图。从网页的基础HTML中，通过程序自动获取数据

□网页显示的机制

要编写网络爬虫，必须先理解网页的机制。所以我们首先来复习一下网页的基

础知识。

网页是保存在"网络服务器"端的（或是由"网络服务器"生成的），当我们浏览网页的时候，会从客户端（电脑或智能手机的浏览器）向网络服务器发送一个请求（见图 7.2）。网络服务器在收到请求后，会将相应的网页以 HTML 数据的形式回复给请求的客户端。这被称为"响应"。这种网络上的通信都遵循"HTTP 协议"的规定。

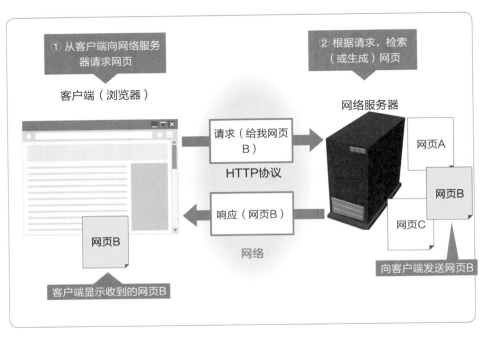

图7.2　网页显示的机制

这就是在浏览器上显示网页的机制，作为响应发送给客户端的是被称为"HTML"的数据。

组成网页数据的技术中，除了 HTML 还有"CSS"和"JavaScript"，所以我们先来介绍一下这些内容。

□ HTML

HTML 是"HyperText Markup Language"的简写，是为制作网页而开发的语言。"HyperText（超文本）"是指在文档中嵌入"超链接"的"超功能文档"的意思。这种技术能够实现点击正在浏览的字符串，然后跳转到其他文档的功能。

试着制作一个简单的网页吧。在文本编辑器中输入以下代码。

index_1.html

```
<!DOCTYPE html>
<html lang="zh">
    <head>
        <meta charset="UTF-8">
        <title>Python网页</title>
    </head>
    <body>
        你好,这是Python网络服务器。
    </body>
</html>
```

输入完成后，将文件保存为"index_1.html"。文件保存的位置应该是启动 Anaconda Prompt 时显示的默认当前目录（见图 7.3 和图 7.4）。

图7.3　启动Anaconda Prompt后显示的当前目录。默认情况是用户名（这里是"nille"）的文件夹。将上面的"index_1.html"保存到这个位置

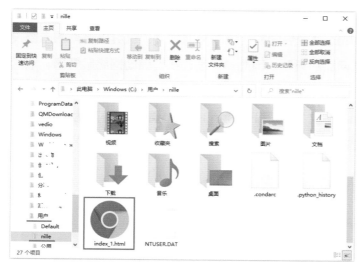

图7.4　保存的"index_1.html"。因为这里将"Google Chrome"设定为默认的网络浏览器，因此图标是Chrome的

141

这里"index_1.html"中的代码是 HTML 格式的。HTML 使用"标签"将文档结构化。标签的语法如下：

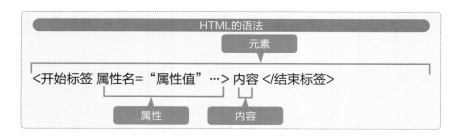

了解了 HTML 的语法之后，我们再来看一下这次创建的"index_1.html"，文件的开头是"＜！ DOCTYPE html＞"，这条语句不是标签，而是用来声明这是一个 HTML 文档。而第 2 行的"<html lang="zh">"是一个 HTML 的标签。

HTML 标签以开始标签开始，结束标签结束。这称为"元素（Element）"。开始标签和结束标签之间的部分称为"内容"，内容包括了文本和其他的元素。当内容中包含其他元素时，这些元素将嵌套在这一层结构中。这种标签内容中有标签的状态会被看作父子关系，外部元素称为"父元素"，内部元素称为"子元素"。

开始标签可以添加"属性"作为附加信息。属性可以设置多个，它是成对出现的"属性名"和"属性值"。

另外，像"<meta charset="UTF-8">"这样的是只有开始标签的元素。

□ 启动 Python 的网络服务器

Anaconda 附带由 Python 命令启动的网络服务器软件。这可以将你的电脑设为临时的网络服务器，测试网页的显示。因此，下面让我们启动网络服务器，然后从浏览器访问它，请求并显示"index_1.html"。

启动 Anaconda Prompt，执行以下 Python 命令。请确认当前为默认目录（保存"index_1.html"的文件夹）。

```
python -m http.server 8000
```

输入完成后按下回车键会显示如下内容

```
Serving HTTP on 0.0.0.0 port
8000 (http://0.0.0.0:8000/) ...
```

这表示网络服务器已经启动了。这时，如果显示了是否允许通信的对话框，请点击"允许访问（A）"按钮（见图 7.5）。

图7.5　在Anaconda中启动了网络服务器。在图中所示的警报对话框中点击"允许访问（A）"

当网络服务器处于启动状态时，就能够通过浏览器进行访问了。在地址栏中输入以下内容，然后按下回车键。

```
http://127.0.0.1:8000/index_1.html
```

这里"127.0.0.1"表示自己的 IP 地址。"8000"是通信端口。两个都是默认的设定，这样输入的话浏览器上应该会显示"index_1.html"的内容（见图 7.6）。

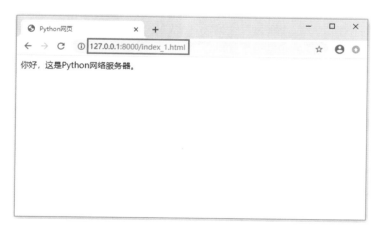

图7.6　启动Anaconda的网络服务器，从浏览器访问"index_1.html"的效果

实际上,直接用浏览器打开"index_1.html"也会显示同样的内容,不过在图 7.6 中, 地址栏不是文件的路径,而是用斜线隔开的 URL。这样我们就知道这是来自网络服务器的响应。

□ CSS

接下来我们介绍一下"CSS"。CSS 是"Cascading Style Sheets" 的缩写,这是用于指定网页样式(外观、设计)的语言。在 CSS 登场之前,很多标签的属性都是指定样式的,而各种样式都是由浏览器厂家定义的,结果发生了兼容性问题(因浏览器不同,相同 HTML 的显示不同)。

因此, 人们定义了 CSS 标准,"HTML 定义文档的结构""CSS 定义设计", 这样一个网页就由 HTML 和 CSS 两个技术来完成了(见图 7.7)。

CSS 的语法由决定装饰哪个标签的"选择器"、装饰的内容(属性)及属性值来指定。

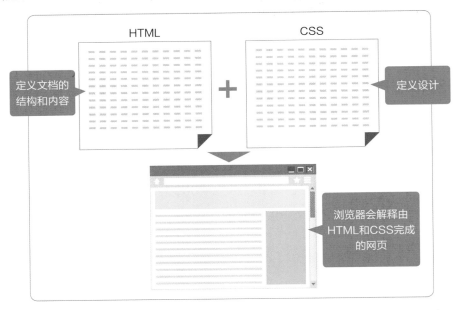

图7.7　HTML和CSS的关系。HTML定义文档的结构和内容,CSS定义设计

接下来我们简单地在 HTML 文件中，用 CSS 来设置一下样式。CSS 一般保存为与 HTML 文件不同的文件，并在 HTML 文件中调用。不过，也可以包含在 HTML 的文件中，这里我们通过直接写入 HTML 文件的方法来练习一下。请完成下面的"index_2.html"，保存到和刚才一样的文件夹。

index_2.html

```html
<!DOCTYPE html>
<html lang="zh">
    <head>
        <meta charset="UTF-8">
        <title>初识CSS</title>
        <style type="text/css">
            h2 {
              color: red;
            }
        </style>
    </head>
    <body>
        <h1>默认为黑色。<h1>
        <h2>h2元素通过CSS变为红色。</h2>
    </body>
</html>
```

> h2元素的颜色被设定为"红色"

> 用HTML的 style标签定义CSS

使用 style 元素在 HTML 中可以直接写入 CSS 代码。只要作为 style 标签的内容写 CSS 代码即可。"index_2.html"中设定了"h2"标签所包含的内容（h2 元素）要变成红色。这个"index_2.html"和刚才一样用浏览器打开的话，就会看到 h2 标签包含的文本变成了红色（见图 7.8）。

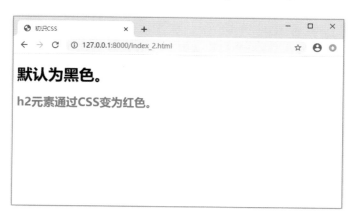

图 7.8　用 style 元素写入 CSS 的"index_2.html"用浏览器打开的效果。文本默认为黑色，h2 元素的文本显示为红色

> **说明**
>
> 在CSS中，可以为一个选择器指定多个属性和属性值。在这种情况下，"属性：属性值"之间用分号（；）分隔。为了让代码更易懂，一般一个属性一行，像下面这样。

```
选择器{
    属性：属性值;
    属性：属性值;
    属性：属性值;
}
```

□ JavaScript

另一个需要理解的构成网页的要素是"JavaScript"。

JavaScript 和 Python 一样是一种编程语言。其主要特点是可以在浏览器等客户端上运行。在网页上，使用 JavaScript 能给静态的 HTML 提供各种各样的动态。

例如，JavaScript 将用户的"鼠标点击""键盘输入"等操作称为"事件发生"。使用 JavaScript，当发生相应的"事件"时，可以自动调用分配给事件的函数。

让我们通过一个例子来实践一下吧。完成下面的"index_3.html"。

index_3.html

```html
<!DOCTYPE html>
<html lang="zh">
    <head>
        <meta charset="UTF-8">
        <title>初识动态网页</title>
        <script>
            function test() {
                alert('在onclick事件中调用了test函数。')
            }
        </script>
    </head>
    <body>
        <input type="button" value="显示警告" onclick="test()">
    </body>
</html>
```

用HTML的script标签编写JavaScript的代码

显示警告的对话框

test函数的定义

显示按钮的input标签

根据onclick事件调用函数

Python超入门（全彩）：从基础入门到人工智能应用

146

和 CSS 一样，通常 JavaScript 的程序也存在于别的文件中，这里为了简单一些，直接在 HTML 文件中包含了 JavaScript 的代码。这种情况下，JavaScript 的代码将被放在 "script" 的标签中。

HTML 的 "input" 标签是在网页上显示按钮和输入栏的标签。指定 type="button" 的属性后，则显示为按钮。此外，"onclick" 的属性分配了 JavaScript 的 test 函数。这样，当点击按钮时，script 标签中定义的 JavaScript 的 test 函数就会被调用。这样，按下按钮就会显示一个警告的对话框（见图 7.9）。

图7.9　用浏览器显示嵌入了JavaScript的 "index_3.html" 的效果。点击按钮后会显示消息

现在你理解了网页显示的机制和网页重要要素 HTML、CSS、JavaScript 的关系了吗？这些基础知识对于完成网络爬虫的编写非常重要，所以要好好掌握。

说明　　JavaScript虽然与编程语言 "Java" 名字相似，但却是完全不同的编程语言。另外，当前主要浏览器支持的JavaScript是Ecma International标准化的 "ECMAScript" 标准。

为了完成网络爬虫的例子，我们需要通过程序取出京东网页上的一本图书的销售价格。为此，必须通过 Python 的程序向京东的网络服务器发送请求，取得包含销售价格信息的网页（见图 7.10）。

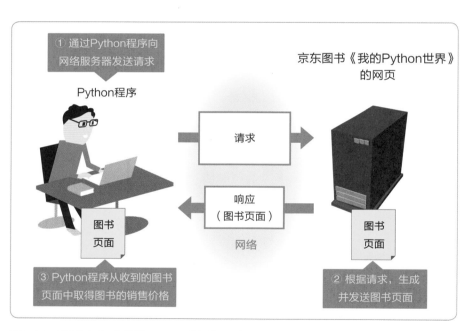

图7.10　获取京东《我的Python世界》图书网页上的销售价格

为了完成这样的处理，需要导入 Python "urllib 包"的 "request 模块"。urllib 包除了 request 模块外还包括 "parse 模块" "error 模块"等，这里只需要使用 request 模块。

□ request 模块

urllib 包的 request 模块是用作 HTTP 请求的客户端的模块。使用方法是首先导入 "urllib.request"，然后通过 urlopen 函数向网络服务器发送请求。函数返回值为响应对象（网页），这里要转换成 UTF-8 格式的文本。下面的 "scraping_1.py" 就可以获得销售价格的页面。

scraping_1.py

```
import urllib.request        ——导入urllib包的request模块
url = 'https://item.jd.com/12400278.html' ——图书页面的URL
res = urllib.request.urlopen(url) ——通过urlopen函数发送请求
html = res.read().decode('utf-8') ——将获得的响应对象转换成文本
print(html) ——显示销售价格页面的HTML
```

启动 Anaconda Prompt 执行 "scraping_1.py" 后，将会显示图书页面的 HTML，如图 7.11 所示。

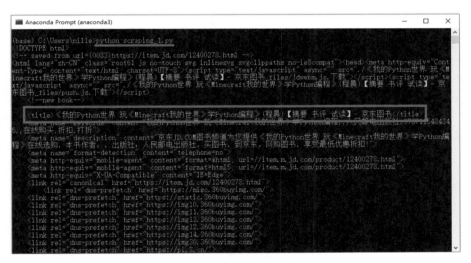

图7.11　执行 "scraping_1.py" 时，会显示指定URL的HTML内容。由于信息量很大，因此图中只是显示了开头的部分

□将 HTML 保存到文件

接下来，试着将上面取得的 HTML 数据保存到文件中。如果要将文本数据保存到文件，需要使用内置的 open 功能。open 函数有文件名、开启模式、编码方式等参数。

open(file, mode='r', encoding=None)	
参数	说明
file	要打开文件的文件名
mode	指定打开模式（默认为只读）
encoding	文件编解码方法
返回值	已成功打开文件的对象

其中，"打开模式"是指打开的文件要"怎样来处理"。设定打开模式可以使用以下字符，也可以组合使用。由于参数是文字（字符串），所以在代码中要用单引号(')括起来。

字符	含义
r	只读、无法写入模式（默认为rt）。如果文件不存在会报错
w	写入模式，会覆盖原文件，如果文件不存在，则创建新文件
x	创建新文件并写入，如果有现有文件则报错
a	写入模式，新增内容会添加到文件末尾，如果文件不存在，则创建新文件
b	二进制模式
t	文本模式（默认为"rt"）
+	文件可更新。如果是"r +"的情况，则可以读/写，文件不存在则会报错。 如果是"w +"的情况，也是可以读/写，不过文件不存在的话，会创建新文件
u	所有的换行符"\n""\r \n"和"\r"都被转换成"\n"的模式（不推荐）

说明　　有关open函数的详细说明，请参考Python官方网站翻译后的文档资料。

如果 open 函数运行正常，则会返回可用的文件对象，使用文件对象的 write 方法就能将文本写入文件。

以下代码中添加了将获取的网页（HTML）保存到文件中的代码。

```
scraping_2.py

import urllib.request
url = 'https://item.jd.com/12400278.html'
res = urllib.request.urlopen(url)
html = res.read().decode('utf-8')

f = open('python.html', 'w', encoding='utf-8')
f.write(html)
f.close()
print('python.html已保存。')
```

以写入模式打开"python.html"文件（新建文件）

将HTML的内容写入文件

关闭文件

执行"scraping_2.py"的时候，就不是在 Anaconda Prompt 的控制台界面中输出 HTML 的内容了，而是会将内容输出到"python.html"文件中（见图 7.12）。这个文件会创建在 Anaconda Prompt 的当前目录中（见图 7.13）。

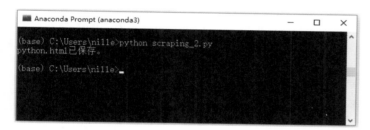

图7.12 执行"scraping_2.py"的结果。这里没有显示HTML的内容，而是保存为了HTML文件

包含HTML代码的文件

图7.13 创建的HTML文件。这里把对应用户的文件夹（这里是"nille"）作为当前目录，文件名为"python.html"

□查找图书价格的标签

输出到文件的 HTML 是文本文件，可以使用文本编辑器进行查看和编辑。这就是说，使用文本编辑器的搜索功能就能查找定义图书价格的标签。

不过，这种方法在只有一个搜索结果时还行，如果有多个搜索结果的话，那就无法确定哪个是目标数据了（见图 7.14）。

图7.14　用文本编辑器Atom打开"python.html"，在查找当前图书价格的数字时，几个地方都被标识了出来，无法确定要用哪个标签

因此，我们将使用网页浏览器的"开发者工具"功能来查看目的数据是包含在什么样的标签中的。这里以 Windows 10 上的"Google Chrome"浏览器为例进行介绍。

首先，显示网络爬虫所操作的页面，用鼠标选择想要获取的数据。选中字符串后单击鼠标右键，接着选择"检查（N）"（见图 7.15）。然后，会打开开发者工具的窗口（见图 7.16）。在其中的"Elements"选项卡中，所选字符串的标签会被选中显示。

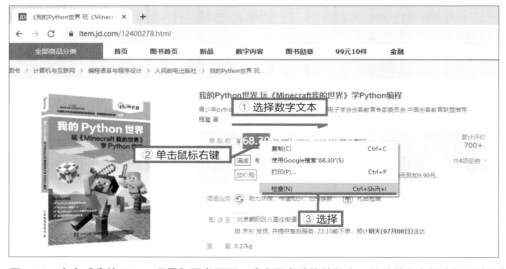

图7.15　京东《我的Python世界》图书页面，选中图书价格的数字，然后单击右键选择"检查"

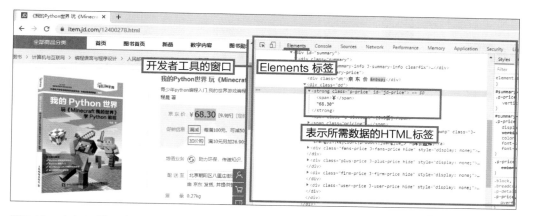

图7.16　在打开的开发者模式窗口中，确认选中的是"Elements"选项卡。由于显示了所选位置的源代码，因此可以查找到包含图书价格的标签

通过这个操作能够确定显示图书价格的标签如下：

```
<strong class="p-price"id="jd-price"><span>￥</span>"68.30"</strong>
```

这就表示，从"<strong class="p-price" id="jd-price"><span>￥</span>"到"</strong>"中间的内容是图书的价格。

这样，我们就找到包含网络爬虫想要获取数据的标签。下一节中我们会创建搜索此标签的程序。

说明

在Google Chrome的开发者工具中，可以在"Elements"选项卡中检查当前显示网页的HTML和CSS的源代码。这样，你就可以了解网页的显示和实现它的标签和样式之间的关系。在创建自己的网页或制作用HTML表现界面的程序时，这些内容都可以参考。另外还有实时编辑和验证（调试）代码的功能。

7.3 获取特定的数据

通过使用网络浏览器（例如 Google Chrome）提供的开发者模式，你可以在 HTML 代码中找到表示所需数据的标签。这里已经找到了表示图书价格的 HTML 标签，下面就来完成一个搜索这个标签的程序。为此，我们需要使用更方便的"正则表达式"。

□ 正则表达式

正则表达式是一种字符串模式，用于在文本中搜索特定的字符串。

例如，如果要从 HTML 中搜索邮政编码，那么可以使用"3 个数字加一个连字符（－），再加 4 个数字"的这种元字符的表示形式（见图 7.17）。主要的元字符如图 7.18 所示。组合这些元字符就能表示不同的字符串模式。

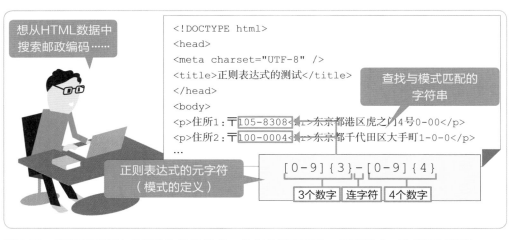

图7.17　使用正则表达式创建字符串模式，各个字符串不同，只要模式一致就可以搜索

Python超入门（全彩）：从基础入门到人工智能应用

元字符	含义	示例
.	任何的一个字符（换行符除外）	a.c→abc、a3c、azc等
^	开头	^ ab→abc、ab098、abbbb等
$	结束	$ ab→123ab、xyzab、8u7yab等
*	没有，一个或多个	ab * c→ac，abc，abbbbc等
+	一个或多个	ab + c→abc，abbc，abbbbc等
?	没有或只有一个	ab?c → 仅表示ac或abc
{n}	重复n次	ab{3} → 仅表示abbb
|	字符串之一	abc | xyz | 012→abc或xyz或012
[]	指定字符中的一个（如果指定字符是连续的，可以像0-9、a-z、A-Z这样写）	a [xyz] b→axb或ayb或azb [0-9]→0-9中的任何一个 [D-G]→D、E、F、G中的任何一个
()	分组	a(bc)*d → ad、abcd、abcbcd、abcbcbcd等 a(b|c)d → abd或acd
\d	阿拉伯数字	0~9中的任何一个（与[0-9]相同）
\w	字母数字或下划线	A~Z、a~z、0~9、_中的任何一个（与[A-Za-z0-9_]相同）

图7.18　正则表达式中使用的主要元字符。可以组合使用多个元字符

在邮政编码的示例中，首先是"3 个 0 到 9 之间的数字"，因此写为"[0-9] {3}"，接着是连字符（-），然后是"4 个 0 到 9 之间的数字"。因此写为"[0-9] {4}"。所以，最后的正则表达式如下所示：

```
[0-9]{3}-[0-9]{4}
```

你可以使用此模式通过 HTML 中的模式匹配来查找邮政编码。

□使用正则表达式进行网络数据抓取

现在，让我们在 Python 中使用正则表达式来查找包含图书价格的标签。要使用正则表达式，需要先导入名为"re"的模块。导入模块代码如下：

```
import re
```

接下来，通过 compile 函数生成"正则表达式对象"，并通过正则表达式对象的 search 方法获得"匹配对象"，该"匹配对象"是对应匹配的字符串。然后，使用匹配对象的 group 方法从匹配的字符串集中检索第一个字符串。具体的操作我们按照下面的程序对"scraping_2.py"进行一些修改。

在"scraping_3.py"中，还有通过使用 re 模块的 sub 函数来删除标签部分的代码。这是倒数第二行代码。sub 函数的第一个参数是用于模式匹配的字符串，第二个参数是要替换的字符串，而第三个参数是模式匹配后的目标字符串。函数的功能是将第一个参数指定的字符串替换为第二个参数的字符串。这里第 2 个参数为空字符串，这就表示将字符串中用于模式匹配的字符串用空字符串代替，这个效果和删掉字符串效果一样。

> ✏️ 说明　关于 Python 正则表达式的更多信息，请参考 Python 官方网站翻译后的文档资料。

scraping_3.py

```
import urllib.request
import re                          ← 导入re模块

url = 'https://item.jd.com/12400278.html'
res = urllib.request.urlopen(url)
html = res.read().decode('utf-8')          用于匹配模式的字符串
                    正则表达式对象
r = re.compile('<strong class="p-price" id="jd-price"><span>
￥</span>(\d+[,.])*\d+</strong>')
m = r.search(html)          执行模式匹配并获得一组匹配的字符串（匹配对象）
s = m.group(0)              获取匹配的字符串集中的第一个结果
print(s)


s = re.sub('<.*?>', '', s)          从字符串中删除<>中的标签部分
print('图书的价格为:' + s)
```

　Python超入门（全彩）：从基础入门到人工智能应用

156

启动 Anaconda Prompt 并执行" scraping_3.py",则将会如图 7.19 所示只获取并显示图书的价格及其标签。

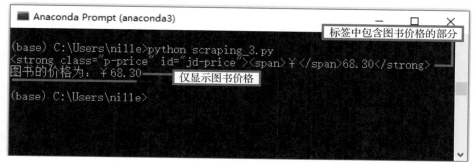

图7.19　启动Anaconda Prompt执行"scraping_3.py"的结果

前面介绍的使用 Python 完成网络爬虫功能的基础内容你都掌握了吗？本书中，我们通过一个非常简单的代码示例介绍了网络爬虫的概念和基本技术，不过在实际使用的时候，还需要让这个过程更加自动化，以便定时地获取信息，还要对数据进行积累和分析，输出到 Excel 以便重新使用，甚至应用到各种各样的应用中。网络上有很多这样的文档和示例代码，因此，如果你需要一些对业务有帮助的数据，那么可以自己尝试编写一个网络爬虫。

说明　　网络爬虫获取的某些信息是有著作权的。因此使用或公布获得的信息时，在处理版权时必须要小心。另外，有的网站会禁止使用网络爬虫。这是因为程序的大量访问可能会给网络服务器带来很大的负担。因此请在不给网站运营商造成困扰的范围内获取信息，并充分利用网络上的信息。

第8章

挑战机器学习

― 本章的知识点 ―

- 什么是"机器学习"
- "监督学习"和"无监督学习"
- 如何使用模块进行机器学习
- 机器学习的进行和评估

8.1 人工智能和机器学习

Python 突然崛起为明星语言，是由于人们对"人工智能（AI, artificial intelligence）"的关注在迅速增加。在 Python 出名之前，人工智能研究已经在各个领域不断地进行试验。不过，随着 Python 人工智能库的出现，即使是编程初学者也可以很容易地进行一些尝试。因此，世界各地对人工智能感兴趣的程序员都加入了学习 Python 的队伍。

在这本 Python 的入门书当中，最后我想介绍一点人工智能的内容，而"机器学习"就是用于实现人工智能的技术之一。

□什么是机器学习

"人工智能"一词是由约翰·麦卡锡在 1956 年的达特茅斯会议上提出的。不过那时我对机器学习还没有任何概念。而机器学习真正发展起来的原因是 2006 年引入了"深度学习"（见图 8.1）。

图8.1　机器学习是实现人工智能的技术之一。促进机器学习发展的是最新的深度学习

尤其值得一提的是，由 Google 旗下的 Deep Mind 开发的围棋程序"AlphaGo"战胜了世界顶级的围棋选手。深度学习使 AlphaGo 的实力得到了增强，这也让机器学习的可能性为全世界所熟知。如今，深度学习已应用于语音和图像识别、股票交易、自动驾驶、医疗数据分析等各个领域。

由Google开发的机器学习（深度学习）程序现在可以作为"TensorFlow"库和"AutoML"服务使用。因此，任何人都可以在自己的程序中使用它。

在机器学习中，大量数据被读入程序进行训练。例如，在实现猫的图像识别的机器学习中，加载了成千上万的猫的图像，同时在图像中找出"猫的特征和关键元素"。学习这些特征和关键元素的程序称为"学习模型"（见图8.2）。

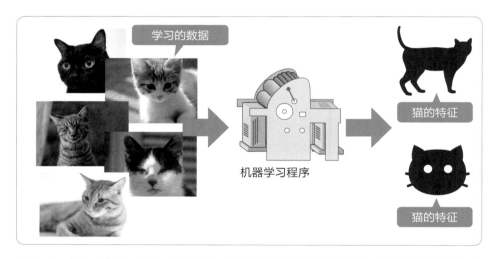

图8.2　建立"学习模型"的示意图。加载成千上万张猫的图像，同时寻找"猫"的特征和关键元素

如果为该学习模型提供的图像与学习期间使用的图像不同，则会看到该图像中"猫"的特征的百分比。

□ "监督学习"和"无监督学习"

机器学习主要有两种类型："监督学习"和"无监督学习"。首先，让我们了解一下两者的不同之处。

监督学习的学习数据会被预先标记为"正确答案"或"错误答案"。以"猫"为例，训练数据会被标记是否为"猫"。它会显示哪些是"猫"，哪些不是"猫"，并根据差异进行学习（见图8.3）。

Python超入门（全彩）：从基础入门到人工智能应用

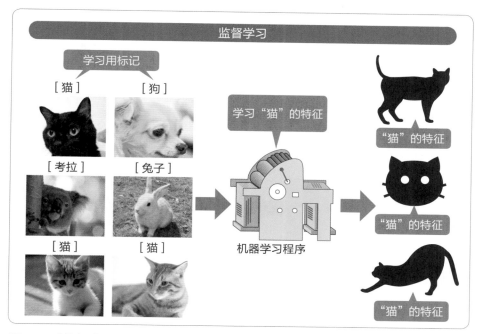

图8.3　"监督学习"示意图。该程序根据预先标记好的"正确答案"和"错误答案"来发现特征

这类似于人类学习的时候，老师会提供正确答案的过程。参照图 8.3 应该比较好理解。

另一种无监督学习的情况是不标记"正确答案"和"错误答案"。这种程序要在未标记的图像中找到共同的特征。这个"特征"相对就像是人类决定"这是什么特征"一样，这里程序会决定具体是"什么特征"（见图 8.4）。

"聚类（聚类分析）"是提取此类特征的众所周知的方法。根据数据的特征和关键元素，我们将数据分为未定义的组（集群）。

在聚类中，我们将根据大量数据发现一组相似的特征和属性，而不是根据事先阐明的"猫"的特征对数据进行分类。作为被收集的结果，它可以是"猫"的组或"狗"的组。但是，人类不可能理解计算机用于分组的特征。聚集这个组的原因可能不是人类对"猫"和"狗"的理解。人类必须分析出一个组具有什么样的特征。

这种可以从大量数据中找出特征和关键元素的无监督学习，也可以用于对商业趋势的分析和对未来的预测。例如，如果对购买某物品的人进行了聚类分析，则可以将人们购买的其他物品作为"推荐物品"呈现给购买相同物品的人。最近，购物网站通常都有这种 AI 推荐的功能。

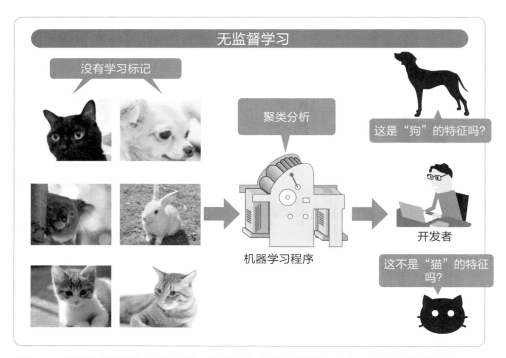

图8.4 "无监督学习"的示意图。程序本身会从大量数据中发现特征并将其分为几组

还有另一种机器学习方法,称为"强化学习"。像无监督学习一样,强化学习也没有正确答案的标记。这种方式通过反复试错来推进学习。就像一个人学习如何骑自行车一样。这个方式不是简单地知道正确的答案,而是通过反复练习以获取正确的骑行方式。在强化学习的情况下,会通过成功时给予的"奖励"告诉计算机当时的方法是成功的,并使其成为学习的目标。这样的话,为了能更有效率地成功,它会自动地学习以提高成功的概率。

谷歌的 AlphaGo 首先以 3000 万手的棋谱数据作为正确答案进行学习,然后在电脑之间反复进行 3000 万局的对战,进行了强化学习。人类无论如何也做不到学习这么庞大的数据,以及不断地通过试错来学习,这就是 AlphaGo 强大的秘密。

 说明 作为机器学习的技术,"神经网络"目前正在引起关注。这是一个代表计算机上大脑神经回路(神经元)的数学模型,在深度学习中,可以通过多层神经网络来进行更高级的学习。

8.2 机器学习模块

在实际创建机器学习程序之前，我会先介绍一下要使用的"工具"。如上所述，Python 具有各种可用于机器学习的库，因此，即使是初学者也可以轻松创建机器学习程序。这里我们将使用三个模块："scikit-learn""NumPy"和"matplotlib"。

□ scikit-learn

在众多库中，"scikit-learn"是最重要的库（见图 8.5）。scikit-learn 是一个开源的 Python 库，具有用于机器学习所需的回归、分类、聚类等算法。

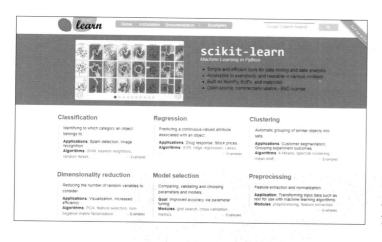

图8.5 机器学习必需的库"scikit-learn"的官方网站

说明　　　"开源"是指其源代码向公众开放的程序。"BSD许可证"是指在开源的代码中只要有"著作权的显示和免责条款的记载"，就可以自由再发放的许可证。

本书中使用的"Anaconda"软件包默认包括了 scikit-learn 库。因此，如果你正在使用 Anaconda，则可以直接使用 scikit-learn 模块，而无须下载或安装它，只需在程序中用 import 语句导入即可。

□ NumPy

NumPy 是快速进行数值计算的模块，scikit-learn 也使用了 NumPy 库。因为 NumPy 也包含在 Anaconda 中，因此只需导入就可以使用了。

下面介绍几个利用 NumPy 计算的例子。以下的"numpy_1.py"是用 NumPy 创建和显示数组数据。启动 Anaconda Prompt 并执行该程序的效果如图 8.6 所示。

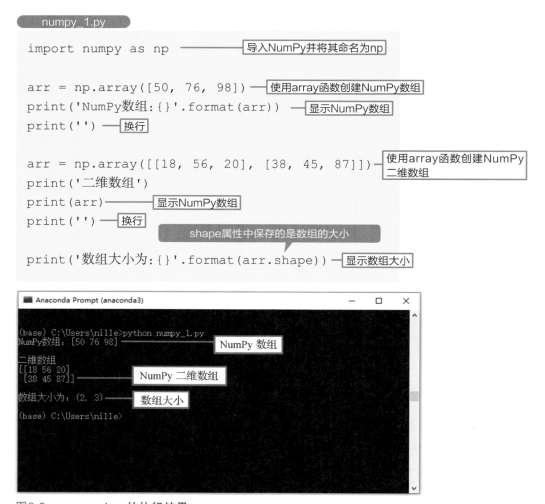

图8.6　numpy_1.py的执行结果

164

使用 NumPy 会让矢量和矩阵计算非常容易。例如，将 NumPy 数组乘以 3 将使每个元素扩大 3 倍。而要进行转置，可以通过引用数组的 T 属性来完成。以下"numpy_2.py"是一个示例。执行结果如图 8.7 所示。

```
import numpy as np          ——— 导入NumPy并将其命名为np

arr_1 = np.array([1, 2, 3]) ——— 使用array函数创建NumPy数组
arr_1 = arr_1 * 3           ——— 将NumPy数组乘以"3"
print('[1, 2, 3] * 3:{}'.format(arr_1))
                                        ——— 显示NumPy数组

arr_2 = np.array([[1, 2, 3], [2, 3, 4]])
print('')               ——— 使用array函数创建NumPy二维数组
print(arr_2.T)          ——— 显示二维数组转置的值
```

T属性存储的是转置后的值

图8.7　numpy_2.py的执行结果

要计算向量的内积和矩阵的乘积，可以使用 dot 函数。dot 函数的参数和返回值如下。向量的内积是每个元素的乘积之和。而在矩阵乘法中，要将水平行和垂直列相同顺序的乘积相加。

numpy.dot(a, b, out=None)	
参数	说明
a	从左边参与运算的向量或矩阵
b	从右边参与运算的向量或矩阵
out	存储结果的备用数组
返回值	向量内积或矩阵乘积的结果

例如，使用下面的"numpy_3.py"创建数组"arr_1"和数组"arr_2"，两个向量内积的值为 1×2 + 2×3 + 3×4，即"20"。而两个矩阵的乘积为 [1×5 + 2×7，1×6 + 2×8]，[3×5 + 4×7，3×6 + 4×8]。执行结果如图 8.8 所示。

`numpy_3.py`

```python
import numpy as np

arr_1 = np.array([1, 2, 3])
arr_2 = np.array([2, 3, 4])
print('[1, 2, 3]和[2, 3, 4]的内积')
print(np.dot(arr_1, arr_2))  ————显示向量的内积
print('')


arr_1 = np.array([[1, 2], [3, 4]])
arr_2 = np.array([[5, 6], [7, 8]])
print('[[1, 2], [3, 4]]和[[5, 6], [7, 8]]的乘积')
print(np.dot(arr_1, arr_2))  ————显示矩阵的乘积
```

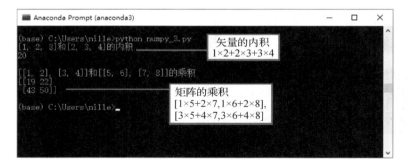

图8.8　numpy_3.py 的执行结果

使用 mean 函数可以计算数组的平均值，使用 std 函数可以计算标准偏差。这些函数的参数和返回值如下。

numpy.mean(a, axis=None, dtype=None, out=None, keepdims=<no value>)	
参数	说明
a	要计算平均值的数组
axis	沿哪个轴（axis）求平均值
dtype	计算平均值时使用的数据类型
out	存储结果的备用数组
keepdims	保持返回数组中的轴数不变
返回值	指定数组元素的平均值，或以平均值为元素的数组

Python超入门（全彩）：从基础入门到人工智能应用

numpy.std(a, axis=None, dtype=None, out=None, ddof=0, keepdims=<no value>)	
参数	说明
a	要计算标准偏差的数组
axis	沿哪个轴（axis）计算标准偏差
dtype	计算标准偏差时使用的数据类型
out	存储结果的备用数组
ddof	用"N-ddof"代替数据个数N
keepdims	如果设置为True，将保存输出数组的维数
返回值	指定范围内的标准偏差或值的数组

例如，生成一个 0 ～ 9 的随机整数数组，并计算其均值和标准偏差。使用 random.randint 函数创建一个随机数组。第一个参数是下限，第二个参数是上限（不包括此数字），第三个参数是元素个数。执行下面的"numpy_4.py"，结果如图 8.9 所示。

numpy_4.py

```
import numpy as np
r = np.random.randint(0, 10, 10)      从0到9的10个随机整数的数组
print('随机数组:{}'.format(r))
print('平均值:{}'.format(np.mean(r)))      数组元素的平均值
print('标准偏差:{}'.format(np.std(r)))      数组元素的标准偏差
```

图8.9　numpy_4.py的执行结果

□ matplotlib

如果要在图形中显示计算结果，可以使用名为 matplotlib 的模块。matplotlib 模块也包含在 Anaconda 中，因此可以直接使用它。

基本用法是先导入 matplotlib.pyplot，接着使用 plot 函数的参数指定 x 轴和 y 轴，并使用 show 函数显示数据。此时，会给 x 轴和 y 轴传递数组或列表。

下面尝试制作一个简单的折线图。给 x 轴传递月份名称"Jan""Feb""Mar""Apr"和"May"，给 y 轴传递一些适当的数字。

numpy_5.py

```
import matplotlib.pyplot as plt        —— 导入matplotlib.pyplot并将其命名为plt

x = ['Jan', 'Feb', 'Mar', 'Apr', 'May']    —— x轴上的内容
y = [100, 200, 180, 210, 250]          —— y轴上的数字
plt.plot(x, y)                          —— 图表绘制（绘图）设置
plt.show()                              —— 显示设置好的图表
```

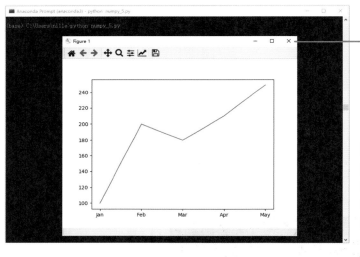

关闭按钮

图8.10 当执行"numpy_5.py"时，将在另一个窗口中显示图表。如果想关闭这个新的窗口，请点击右上角的关闭按钮"X"

当使用 Anaconda Prompt 执行"numpy_5.py"时，将打开另一个窗口显示图表，如图 8.10 所示。我们之前只是在 Anaconda Prompt 中输出文本，不过这种图形输出在 Python 中也能轻松地完成。这就是 Python 获得广泛关注的原因之一。通过操作图形窗口顶部的按钮，可以缩放显示以及更改格式。

接着我们来显示一个更复杂的"正弦波"的图。为此需要导入 Python 中标准的 math 模块来获取圆周率，并使用 NumPy 的 linspace 函数生成线性等距的数列作为 x 轴，然后使用正弦函数计算 y 轴值。linspace 函数和 sin 函数的主要参数和返回值如下。

将 linspace 函数和正弦函数准备的两个数组作为 x 轴和 y 轴的数据传递给 matplotlib 的 plot 函数以生成图表。另外，可以使用 title 函数设置图表的标题，还可以使用 xlabel 和 ylabel 函数设置图表轴上的标签。显示图例由 legend 函数实现，方法是使用 plot 函数的 label 参数指定图例名称。

numpy.linspace(start, stop, num=50, endpoint=True, retstep=False, dtype=None, axis=0)	
主要参数	说明
start	数列的起点
stop	数列的终点
num	生成的ndarray元素个数（默认为50）
endpoint	是否在生成的数列中包含stop作为元素
dtype	指定要输出的ndarray的数据类型（没有的话则为float）
返回值	以num等分的等差数列为元素的ndaray对象

numpy.sin(x, /, out=None, *, where=True, casting='same_kind', order='K', dtype=None, subok=True[, signature, extobj]) = <ufunc 'sin'>	
这次使用的参数	说明
x	弧度值
返回值	三角函数正弦值

下面的“numpy_6.py”是显示正弦波图表的程序。

执行“numby 6.py”后，将显示图 8.11 所示的图表。

numpy_6.py

```
import matplotlib.pyplot as plt        导入matplotlib.pyplot并将其命名为plt
import math        导入math模块
import numpy as np        导入numpy模块并将其命名为np

x = np.linspace(0, 5 * math.pi)        求 x 轴坐标
y = np.sin(x)        求 y 轴坐标

plt.title('Sin Graph')        设定标题
plt.xlabel('X-Axis')        设定轴的标签
plt.ylabel('Y-Axis')
plt.plot(x, y, label='sin')        图表绘制（绘图）设置并设定图例名称
plt.legend()        显示图例
plt.show()        显示设置好的图表
```

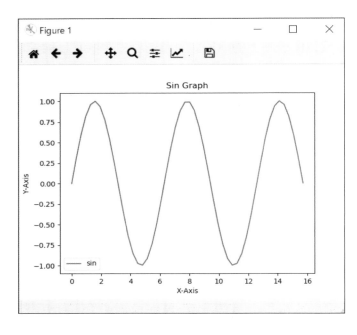

图8.11 numby 6.py的执行结果。图表会显示在另一个窗口中，通过顶部的按钮可以与图形交互

| 说明 | 要在图表上显示中文，必须根据每种操作系统来指定适合的字体。这里为了简单地演示一下，图表中的标签都是英文的。 |

8.3 手写文字的图像识别

现在，让我们尝试完成一个机器学习程序。本节将创建一个手写文字的图像识别程序。使用的当然是 scikit-learn。

训练用到的数据也在 scikit-learn 上。"digits"的手写数字的图像数据和附加在每个图像上的标签数据，这也就是用于"监督学习"的数据集。原始数据以"MNIST"名称发布在 Yann LeCun 的网站上，不过 scikit-learn 提供了一个简化版本。详情请参照 scikit-learn 的网站（见图 8.12）。

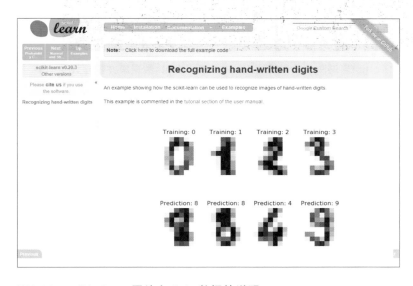

图8.12　scikit-learn网站上digits数据的说明

□图像识别用的数据

首先，检查一下 digits 数据集的内容。让我们使用 Python 的交互式 Shell 进行简单操作。启动 Anaconda Prompt 并运行"python"命令。

第一步是导入 sklearn.datasets 模块并使用 load_digits 函数加载它。运行以下代码。

```
from sklearn.datasets import load_digits    ┤导入digits数据集
digits = load_digits()    ┤读取digits数据集并存储在"digits"中
```

加载完成后，使用 dir 函数查看其包含的数据。运行以下代码。

```
dir(digits)    ┤使用dir函数列出digits数据集的元素
```

执行以上三行代码的结果如图 8.13 所示。

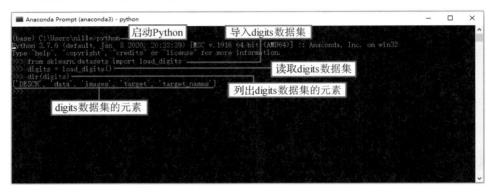

图8.13　使用Anaconda Prompt启动Python交互式Shell。读取digits数据集并检查元素

这里可以看到 digits 数据集由 5 个元素组成。其中，"DESCR"是说明，"data"是特征量，"images"是 8×8 = 64 点的图像，"target"是正确答案数据，"target_names"是正确答案的字符（数字类型）。

特征量（data）是一个 NumPy 多维数组，我们可以使用 shape 属性检查它的维数。

```
digits.data.shape
```

执行代码应该看到类似图 8.14 的内容。由此可见，包含"1797 个 8×8 的数据"特征量。

```
>>> from sklearn.datasets import load_digits
>>> digits = load_digits()
>>> dir(digits)
['DESCR', 'data', 'images', 'target', 'target_names']
>>> digits.data.shape
(1797, 64)    1797个8×8的数据
>>>
```

图8.14　用shape属性检查数组大小。有"1797个8×8的数据"

这 1797 个正确答案的标签（0-9）位于"target"中。如果要查看它们的值，可以输入以下代码：

```
digits.target ——— 查看"target"中的值（正确的答案数据）
```

执行代码后如图 8.15 所示，你可以看到第一个正确的答案数据是"0"，第二个是"1"，第三个是"2"，以此类推。

```
>>> digits.data.shape
(1797, 64)
>>> digits.target
array([0, 1, 2, ..., 8, 9, 8])
>>>
第一张图片的正确答案是"0"
```

图8.15　"target"中正确答案标签的内容。中间的数据省略了

让我们首先查看数据"0"。64 个像素大小的图像在"images"中，其特征量在"data"中，因此可以通过指定序列号"0"来检查每项的内容。

```
digits.images[0] ——— 显示第一个字符的图像数据（images）
digits.data[0] ——— 显示第一个字符的特征量数据（data）
```

运行这两行代码应该看到类似以下的内容（见图 8.16）。

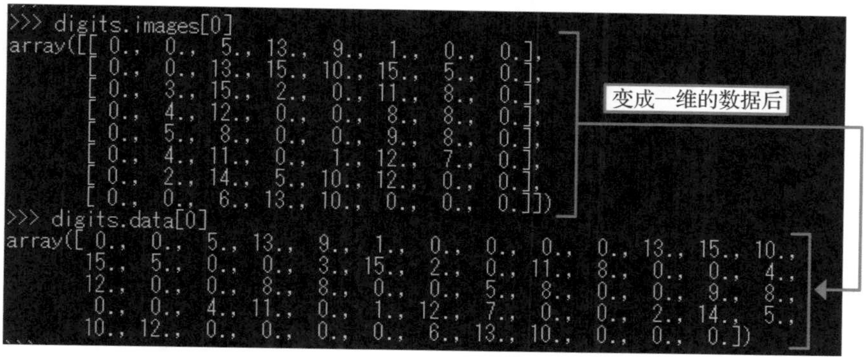

```
>>> digits.images[0]
array([[ 0.,  0.,  5., 13.,  9.,  1.,  0.,  0.],
       [ 0.,  0., 13., 15., 10., 15.,  5.,  0.],
       [ 0.,  3., 15.,  2.,  0., 11.,  8.,  0.],
       [ 0.,  4., 12.,  0.,  0.,  8.,  8.,  0.],          变成一维的数据后
       [ 0.,  5.,  8.,  0.,  0.,  9.,  8.,  0.],
       [ 0.,  4., 11.,  0.,  1., 12.,  7.,  0.],
       [ 0.,  2., 14.,  5., 10., 12.,  0.,  0.],
       [ 0.,  0.,  6., 13., 10.,  0.,  0.,  0.]])
>>> digits.data[0]
array([ 0.,  0.,  5., 13.,  9.,  1.,  0.,  0.,  0., 13., 15., 10.,
       15.,  5.,  0.,  0.,  3., 15.,  2.,  0., 11.,  8.,  0.,  0.,  4.,
       12.,  0.,  0.,  8.,  8.,  0.,  0.,  5.,  8.,  0.,  0.,  9.,  8.,
        0.,  0.,  4., 11.,  0.,  1., 12.,  7.,  0.,  0.,  2., 14.,  5.,
       10., 12.,  0.,  0.,  0.,  6., 13., 10.,  0.,  0.])
```

图8.16　显示第一个字符图像（images）和特征量（data）数据的效果

如果将显示的结果相互比较，就会发现两者的数字是相同的。如果将"digits.images [0]"的数据变成一维的数据后，则完全与"digits.data [0]"相同。

此外，通过使用上一节中介绍的 matplotlib 模块，可以在另一个窗口中显示这个图像。按顺序执行以下代码。

```
import matplotlib.pyplot as plt ——— 导入matplotlib.pyplot并将其命名为plt
plt.imshow(digits.images[0], cmap=plt.cm.gray_r)

plt.show() —— 显示图像
```

使用matplotlib.pyplot的imshow函数以灰度值读取digits数据集的第一个图像数据

执行这些代码后，图像如图 8.17 所示。

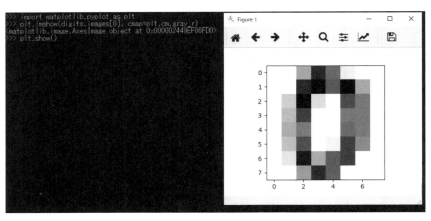

图8.17　使用matplotlib模块显示第一个数据的图像。会在另一个窗口中显示了像 "0" 一样的字符图像。可通过右上角的 "X" 按钮关闭窗口

□创建训练和评估数据

接下来，要将 digits 数据集分为 "训练用的" 和 "评估用的" 两部分。虽然可以使用所有的数据进行机器学习，但是这样的话就需要另外准备用来评估（测试）完成的学习模型的数据。因此，可以将已经读取的 1797 个数据分为训练数据和评估数据，通过训练数据进行训练学习，通过评估数据评估学习结果（见图 8.18）。

图8.18　将digits数据集分成训练用的数据和评价用的数据

分隔数据可以使用 sklearn.model_selection 模块的 train_test_split 函数。

sklearn.model_selection.train_test_split(arrays,options)	
主要参数	说明
arrays	训练用的特征矩阵、评估用的特征矩阵、训练用的目标变量、评估用的目标变量
test_size	评估数据的大小（1为100%）
random_state	随机数生成器使用的种子
shuffle	是否打乱数据（默认为True）
返回值	分隔的列表

通过执行以下代码，可以打乱 1797 个数据，并将其中的 30% 划分为评估用的数据，而其余的划分为训练用的数据。第二行代码在纸上分成了两行，但其实是一行。分配比例是由"test_size = 0.3"这部分决定的。

导入sklearn.model_selection模块的train_test_split函数

```
from sklearn.model_selection import train_test_split
X_train, X_test, y_train, y_test = train_test_
split(digits['data'], digits['target'],
test_size=0.3, random_state=0)
```

在一行中输入而不用换行

30%作为评估用的数据

分为训练用的数据和评估用的数据

□机器学习的进行

训练用的数据已经准备好了，那就开始进行机器学习吧。scikit-learn 中注册了许多机器学习对象。这次，我们将使用"MLPClassifier"对象来生成应用神经网络的机器学习模型。

MLPClassifier 对象由称为多层感知器（MLP）的方法实现，并使用 MLPClassifier 函数创建。MLPClassifier 函数具有许多参数，但是如果只是想先尝试一下的话则可以将所有参数保留为默认值。不过默认情况下，"max_iter"（最大尝试次数）的值太小了，所以最好在参数中将其设为"1000"。执行以下 3 行代码进行机器学习，学习结束后应该会看到图 8.19 所示的内容。

```
from sklearn.neural_network import MLPClassifier
mlpc = MLPClassifier(max_iter=1000)
mlpc.fit(X_train, y_train)
```

创建一个MLPClassifier对象

使用训练用的数据进行机器学习

```
>>> from sklearn.neural_network import MLPClassifier
>>> mlpc = MLPClassifier(max_iter=1000)
>>> mlpc.fit(X_train, y_train)
MLPClassifier(activation='relu', alpha=0.0001, batch_size='auto', beta_1=0.9,
        beta_2=0.999, early_stopping=False, epsilon=1e-08,
        hidden_layer_sizes=(100,), learning_rate='constant',
        learning_rate_init=0.001, max_iter=1000, momentum=0.9,
        n_iter_no_change=10, nesterovs_momentum=True, power_t=0.5,
        random_state=None, shuffle=True, solver='adam', tol=0.0001,
        validation_fraction=0.1, verbose=False, warm_start=False)
>>>
```

图8.19　使用训练用的数据进行机器学习

说明

有关MLPClassifier函数的详细信息，请参考Scikit-learn网站上的相关信息。

□机器学习的评估

学习完毕之后来看一下结果。首先，让学习模型判断要评估的特征量数据（X_test）。为此，要运行以下代码。

学习模型识别的结果　　用于识别的评估数据

```
pred = mlpc.predict(X_test)
```

现在，所有评估图像数据的识别结果都以数组的形式存储在了"pred"中。我们可以输入"pred"并按下回车键来查看数据内容（见图 8.20）。

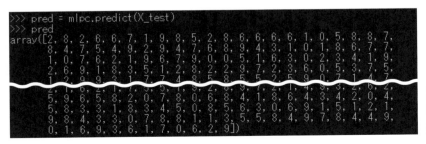

图8.20　"pred"中存储的是评估图像数据的识别结果

另一方面,用于评估的正确答案数据存储在"y_test"中,因此我们可以键入"y_test"并按下回车键来查看正确答案的数据内容（见图 8.21）。

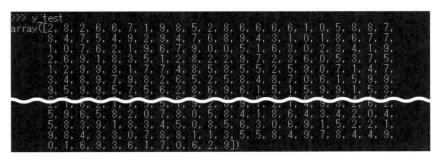

图8.21　"y_test"中存储的是评估图像数据的正确答案

如果从头开始比较这两个数组,那么就可以确认答案的正确或不正确。输入以下代码进行检查。

```
(pred == y_test)
```
比较识别结果和正确答案

代码执行后,会将识别结果（pred）与正确答案（y_test）进行比较的结果显示为"True"和"False"的数组（见图 8.22）。

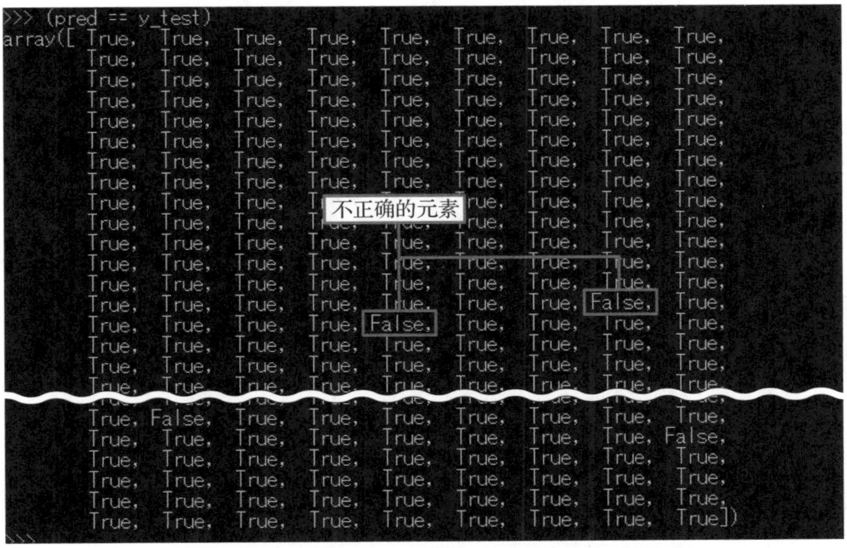

图8.22　比较识别结果和正确答案的结果。"False"是不正确的元素

作为参考，试着显示一下不正确的图像。这需要找出图 8.22 的数组中出现
"False"元素的编号。通过 enumerate 函数，可以同时获得数组序列号和元素，
因此可以使用这个函数和 for 语句按顺序进行查找，直到元素变为"False"。具体
代码如下。

```python
import numpy as np
for i, p in enumerate(pred == y_test):    # 在比较结果数组中，不断重复地将序列号存在变量"i"中，将元素存在变量"p"中
    if p == False:    # 如果元素为"False"，则执行以下代码
        plt.title("t:{} p:{}".format(y_test[i], pred[i]))    # 显示标题。"T"是正确答案，"p"是识别结果
        img = np.reshape(X_test[i],(8, 8))
        plt.imshow(img, cmap=plt.cm.gray_r)
        plt.show()
        break    # 显示一个错误答案后退出
```

将不正确元素的数据
转换为8×8的形式并
显示图像

在 Python 交互式 Shell 中输入这段代码第二行及之后的内容时要特别注意一
下。本书到目前为止，还没有在交互式 Shell 中输入包含缩进的代码，不过如果要
在交互式 Shell 中输入 for 或 if 语句的话，需要注意缩进格式，具体流程如图 8.23
所示。

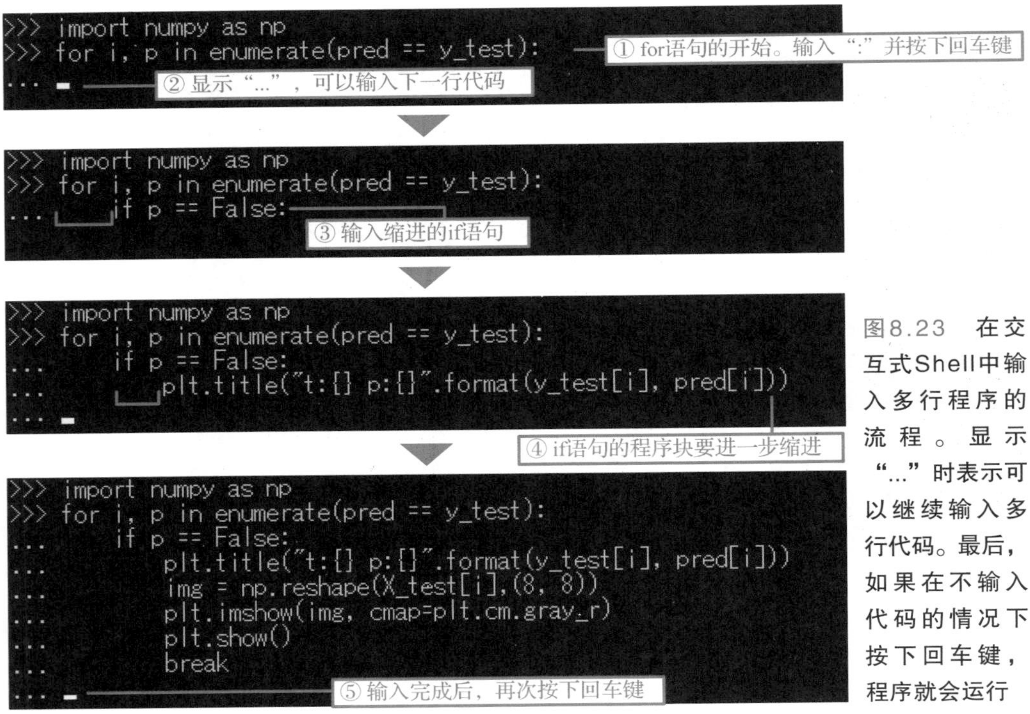

图 8.23　在交互式 Shell 中输入多行程序的流程。显示"..."时表示可以继续输入多行代码。最后，如果在不输入代码的情况下按下回车键，程序就会运行

当我们输入 for 或 if 这种语句之后，在下一行还需要输入代码。这种情况下，交互式 Shell 会显示提示符 "..."。此时要输入缩进以及对应的 for 或 if 语句的程序块。

这段程序首先找到错误答案数据的序列号，接着将与该序列号对应的 "X_test" 数据转换为 8×8 的二维数组，然后显示图像。"X_test" 的特征量数据与一维化的图像数据相同，如果将这个操作反过来，就可以生成图像数据。实际显示的图像如图 8.24 所示。

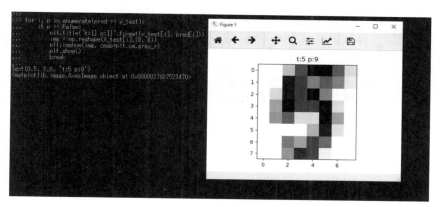

图8.24　将第一个不正确答案的数据显示为图像。正确答案（t）为 "5"，但识别结果（p）为 "9"。的确，这张图片识别错了

另外，我们还可以评估整体识别的准确性。具体操作是将识别结果与正确答案进行比较，并使用 mean 函数计算结果 True（1）和 False（0）的平均值。执行结果如图 8.25 所示。正确率约为 97%。

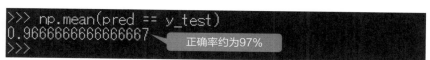

图8.25　统计整体正确率的结果。正确率约为97%

进一步地还可以找出错误答案都是把具体的数字错认成了什么数字。这可以使用 sklearn.metrics 模块中的 confusion_matrix 函数来查看学习模型是如何识别图像的。执行以下两段代码。

```
from sklearn.metrics import confusion_matrix
confusion_matrix(y_test, pred, labels=digits['target_
names'])
```

输入一行而
不换行

执行结果如图 8.26 所示。

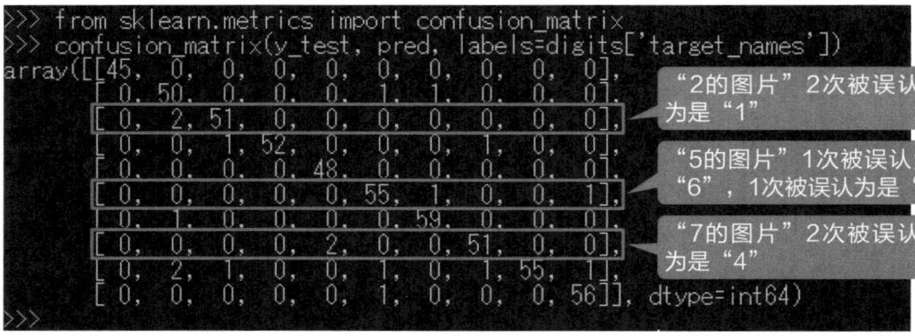

图8.26　通过confusion_matrix函数查看每个数字的识别情况

这个正确率高还是低，需要和其他的机器学习算法进行比较。不过，我们总是可以使用 Python 中最新的神经网络非常轻松地尝试机器学习。

结语

　　不知道大家实操的时候有没有问题。在这本书中，我们从 Python 编程的基础开始讲解，并逐步介绍了网络爬虫和机器学习的基本概念。关于机器学习，我们仅尝试基于预先准备的手写字符数据集进行学习和评估，当然，我们还可以尝试从照片中识别人脸，或是其他可能的应用，图像识别只是一个领域。我们可以学习文本分析技术来对网络上发布的大量文本进行机器学习，获得对趋势分析和市场营销有用的信息也不是梦想。未来的可能性是无止境的。

　　如果掌握了本书中提到的基础知识和技能，即使面对难度很高的专业书，你也不会感到困扰了。你可以按照自己的方式理解并进一步地学习。我们希望这本书能成为你扩展学习和提高能力的"第一步"。